全新知识大揭秘

神奇的生命

王学理◎编写

吉林出版集团股份有限公司
全国百佳图书出版单位

U0312646

图书在版编目（CIP）数据

神奇的生命 / 王学理编. -- 长春：吉林出版集团
股份有限公司, 2019.11（2023.7重印）
　（全新知识大揭秘）
　ISBN 978-7-5581-6288-6

Ⅰ.①神… Ⅱ.①王… Ⅲ.①生命科学 – 少儿读物
Ⅳ.①Q1-0

中国版本图书馆CIP数据核字（2019）第003235号

神奇的生命
SHENQI DE SHENGMING

编　　写	王学理	
策　　划	曹　恒	
责任编辑	林　丽　息　望	
封面设计	吕宜昌	
开　　本	710mm×1000mm　1/16	
字　　数	100千	
印　　张	10	
版　　次	2019年12月第1版	
印　　次	2023年7月第2次印刷	

出　　版	吉林出版集团股份有限公司
发　　行	吉林出版集团股份有限公司
地　　址	吉林省长春市福祉大路5788号
	邮编：130000
电　　话	0431-81629968
邮　　箱	11915286@qq.com
印　　刷	三河市金兆印刷装订有限公司

书　　号	ISBN 978-7-5581-6288-6
定　　价	45.80元

生命科学是最古老的科学，它是发展完善最快，分支最多，进入先进的现代技术领域最崭新的学科。研究生命的起源，必须追溯到46亿年前，地球刚刚从宇宙中脱颖而出，从无生命到有生命的演化过程。要交代清楚微生物、植物，以及现代动物和人类的来龙去脉；要研究基因测序，就必须再把它从远古拉到人们的眼前。基因组测序、基因重组与复制、克隆生物等，这一个个鲜活的闪耀着现代科技光芒的尖端技术，也是生命科学的研究内容。

经典生物学是系统地研究一切生命现象、揭示生命活动的客观规律和必然联系的科学。它重点研究生命的起源、演化、进化与发展规律，是以解剖分类为基础研究生命的发生、发展规律的科学。随着社会的发展和科学的进步，生命科学也在不断地发展。后来形成很多以生命科学为基础的分支，像药学、医学、农学、林学、花卉学、园艺学、畜牧学、食用菌学、工业微生物学等，无一不是生命科学的细化与发展。但这种细化和发展没有脱离生物学的范畴，它们仍然把理论上的形态描述、分类特征以及生物生态学特性作为中心和重点。生命科学体系的发展和完善，完全是因社会发展、科技进步而逐渐建立、不断完善的。

当然,生命科学也在不断发展与细化。每一门、每一纲、每一目、每一科都可能发展出一类相对完整的学科分支。这些学科分支都是生命科学体系中的有机组成部分,也是生命科学庞大体系的重要内容。但无论怎样变化,分类是生命科学最基本的内容,只有正确地分类才能科学地找出每一类生物的进化顺序,才能认清生物间的复杂演化关系,从错综的关系中理出脉络,透过现象认识本质。否则在亿万种生物面前就会茫然不知所措,想要认识生物等于老虎吃天,无从下口。

地球已形成了46亿多年,经过10多亿年无生命的演化阶段,到了34亿年前,单细胞的生命才开始诞生。在以后的这34亿年里,生物由单细胞到单细胞群体,由单细胞群体到多细胞,再通过多细胞生命的演化发展形成组织、器官、系统,进化成今天活跃在世界上的各种各样的微生物、植物、动物。

生物进化到今天,作为地球上万物之灵的人类也毫不例外地与其他生物一样,遵从自然规律,只有审时度势、顺应趋势,才能使大自然为人类造福,否则,人类也逃不脱大自然的惩罚。

目录 MULU

第三章　地衣与苔藓

MULU 目录

目 录 MULU

第五章　生命的起源

第一章
微生物

在生物界，微生物是一个独特的分支，它个体微小、数量多、种群庞大。它是自然界生态平衡和物质循环必不可少的成员，与人类的关系极为密切。

微生物的存在既有利于人类，也有对人类有害的地方。有利之处在于微生物在人的身体内与人体共生，帮助人体消化，有利于人对营养物质的吸收。在自然界，微生物承担着分解有机物的重要角色，如果没有微生物，自然界就会充满动植物尸体，环境污染自不必说，物质循环也会因此中断。

细菌

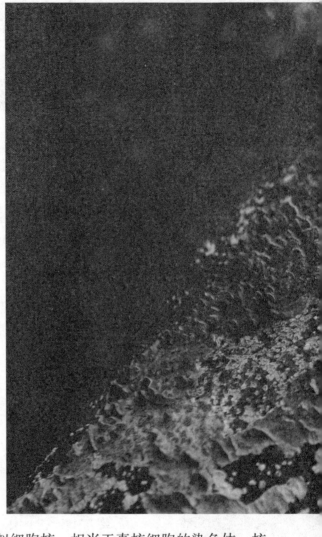

细菌是一类细胞
细而短、结构简单、细
胞壁坚韧的原核微生物。
它们细胞的直径为 0.5 微
米，长度为 0.5～5 微米，
以二等分裂方式繁殖。

细菌在自然界分布
最广，数量最多，与人
类关系最密切。它是工
业微生物学研究的对象。

细菌细胞构造，有
细胞壁、细胞膜，中心
体也叫间体，间体相当
于其核细胞的线粒体。
有拟核或叫原核。因为
还有像真核生物那样的
细胞核，所以叫拟核，类似细胞核，相当于真核细胞的染色体、核
质体等。此外还有内含物颗粒、核糖体、气泡及鞭毛等。有的还有
绒毛。绒毛是长在细菌体表的一种纤细、中空、短直的毛，直径在 7～9
纳米之间。

某些细菌在环境不良时会在细胞壁表面形成一层黏液状物质，
叫荚膜。其作用是保护细胞免遭干燥影响。

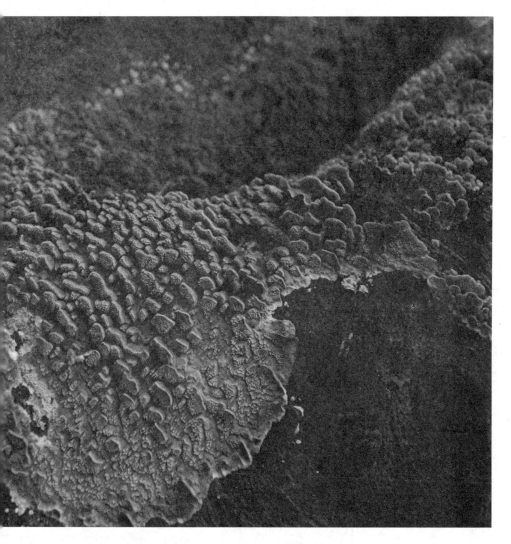

　　细菌以细胞横分裂即裂殖方式繁殖,分裂有三步:一是核分裂,二是形成横隔壁,三是子细胞分离。

　　细菌除无性繁殖外,也能有性繁殖。有性繁殖方式为有性接合,如埃希氏菌、志贺氏菌、沙门氏菌、假单胞菌和沙雷氏菌都如此。

　　细菌培养可在固体培养基上进行,也可在液体培养基上进行,但关键是菌种分离、提纯,以及培养基中要有充足的磷源、氮源。

放线菌

放线菌是介于真菌和细菌之间的单细胞微生物。它的结构以及细胞壁组成都与细菌相似，它在分类上也属于原核微生物。

放线菌的菌丝呈纤细的菌丝，有分枝，以外生孢子形式繁殖，这与霉菌相似。

放线菌菌落中的菌丝常从一个中心向四周辐射状生长，故名放线菌。

大多数放线菌腐生生活，少数种类营寄生。腐生型放线菌在自然界分布很广，在物质循环中起到相当重要的作用。寄生型可引起人与动植物疾病。放线菌主要存在于土壤中，在中性或偏碱性有机质丰富的土壤中尤多。土壤特有的泥腥味就是放线菌代谢物引起的，在空气中，淡水及海水中也有一定分布。

放线菌对人类的贡献远远大于由它带来的不利，迄今为止，人类从放线菌中提取的抗生素已4000多种。著名的抗生素如金霉素、土霉素、链霉素、卡那霉素、庆大霉素、井冈霉素等，都是放线菌家族的产物。

放线菌由分枝状的菌丝组成。菌丝大多无隔膜，所以仍属于单细胞。菌丝粗细与杆菌相近，大约1微米。细胞壁含胞壁酸、二氧基庚二酸，不含几丁质、纤维素；革兰氏反应阳性。菌丝又分基内菌丝、气生菌丝和孢子丝。

放线菌生活史：孢子萌发长出1～3个芽管；芽管伸长，长出分枝形成营养菌丝；营养菌丝伸长形成气生菌丝；气生菌丝发育成熟形成孢子丝；孢子丝产生孢子。

蓝细菌

蓝细菌是体内含有叶绿素，能进行光合作用的一类微生物，由于它没有叶绿体，细胞壁与细菌相似，细胞核没有核膜，所以科学家们仍然把它们归属为原核微生物。也有人叫它们蓝藻或蓝绿藻。

蓝藻是最古老的绿色植物。植物体的构造像细菌一样简单，为单细胞植物，作前细胞构造。体内含有叶绿素，可自造食物，还含有藻蓝素（因此得名蓝藻）。细胞壁常由黏质胶联成群体，故又叫黏藻。

蓝细菌分布广泛，地球上几乎所有环境都能找到它们的身影，土壤、岩石、池塘、湖泊、树皮上，乃至80℃以上的温泉、盐湖，都有蓝细菌生长。

从进化的角度看，蓝细菌是早期单细胞生物的后代，是绿色植

物的开拓者，它能在贫瘠的沙滩和荒漠的岩石上扎根立足，为后来绿色植物的生长创造条件，可谓先锋生物。

蓝细菌形态差异较大，有球状、杆状的单细胞体，也有丝状聚合体结合细胞链。细胞大小从 0.5 ～ 60 微米不等，多数在 3 ～ 10 微米之间。

当许多蓝细菌个体聚集在一起时，可形成肉眼可见的群体。在其生长旺盛时，可使水的颜色随藻体颜色而变化。如铜色微囊藻，在水中大量繁殖时，形成"水华"，使水体改变颜色。

蓝细菌生长条件简单，很多种类有固氮作用，多数的光能生物，能像绿色植物一样进行产氧光合作用，能同二氧化碳（CO_2）同化成为有机物，所以，它们属于光能性自养型微生物。

双歧杆菌

寄生在人体肠道内的双歧杆菌，属微生物的一种，它从婴儿落地，到老人病故，伴随人类一生，是一种有益菌。双歧杆菌，作为一种生命体，和其他细菌一样，在一定环境下生长繁殖。双歧杆菌在繁殖过程中，产生大量乳酸，而乳酸能够刺激肠蠕动，从而起到防止便秘的作用，同时双歧杆菌还有增加维生素 B_2、维生素 B_6，及增强人体对钙离子的吸收、激活人体免疫力的功能。

双歧杆菌是非常脆弱的，保存困难，只能在人体肠道环

境内生存。如果直接补充活菌，通过胃中的消化液屏障进入
大肠，很容易被酸性物质杀死，所以存活下来的数量微乎其
微。于是科学家另辟蹊径，转为向人体内提供双歧杆菌生长
所需要的营养成分，从而加快它的繁殖速度。双歧杆菌喜爱
某些糖类，如异麦芽低聚糖、低聚果糖等，只要我们能把这
些低聚糖送入人体的肠道，那么就可以增加双歧杆菌的数量。
因为这些功能性低聚糖能起到增加双歧杆菌数量的作用，它
们被称为双歧杆菌增殖因子，简称双歧因子。

　　低聚糖属于糖的一种，只是这种糖很难为人体消化吸收，
故而可以直接通过小肠进入大肠，并且在大肠内只能被双歧
杆菌和其他一些有益微生物利用。

衣原体、支原体

衣原体更小，介于立克次氏体和病毒之间，能通过细菌过滤器。过去曾认为它是大病毒，后来研究发现它与细菌更接近，归属于原核类微生物比较合适。

衣原体不需借助媒介能直接感染鸟类、哺乳动物和人类。如鹦鹉热衣原体，养鹦鹉的人会直接感染鹦鹉热病，导致人死亡。沙眼衣原体是人类沙眼的病原体。衣原体不耐热，在 60 ℃ 下 10 分钟即被灭活，但它不怕低温，冷冻干燥可保藏数年。它对碘胺类药物和四环素、红霉素、氯霉素等抗生素敏感，对干扰素敏感。

支原体是介于细菌和立克次氏体之间的一类原核微生物。1898 年被发现，1976 年才被确定类型。

支原体的突出特点是不具细胞壁，只有细胞膜，所以，细胞柔软，形态多变。因细胞柔软且具扭曲性，所以细胞可以通过孔径比自身小得多的细菌滤器。

支原体广泛分布于土壤、污水、温泉或其他温热的环境以及昆虫、脊椎动物和人体内。大多腐生，极少数是致病菌。如传染性牛胸膜肺炎便是由蕈状支原体引起的；绵羊和山羊缺乳症则是由无乳支原体引起的。

酵母菌

酵母菌具有一个真正的单细胞，有细胞壁、细胞膜、细胞质、细胞核，有线粒体、叶绿体、核仁及中心体。它是具有真正细胞核的真核微生物。酵母菌多数以出芽方式繁殖，有时也进行裂殖或产生子囊孢子。它利用发酵糖类而产能，细胞壁含有甘露聚糖，喜欢在高糖、偏酸的水生环境生长。

酵母菌与人类关系极为密切。它是人类的"家养微生物"，同时又是发酵工业的重要微生物，可利用酵母能分解碳水化合物，产生酒精和二氧化碳等性能来酿酒、制作面包。在工业废水废料如玉米浆、淀粉厂下脚料、味精厂废液、啤酒厂废液和造纸厂废液中培养酵母菌，可生产饲料酵母。

酵母菌的蛋白质含量可达干重的50%，其蛋白质氨基酸组分与牛肉相近，营养价值很高，是动物蛋白的重要来源。

解脂酵母能发酵石油，使石油脱蜡，除去石油中的正烷烃，降低其凝固点。

酵母菌发酵废液一方面收获酵母，一方面治理"三废"，减少污染，保护环境，一举两得。

从酵母菌中提取的B族维生素、核糖核酸、辅酶A和细胞色素C以及麦角甾醇等是重要的医药原料和产品。

酵母菌广泛分布在自然界，种类超过370种。

病毒

病毒是世界上迄今为止发现的最小的生物，也是最小的微生物，它们没有细胞结构，但具有遗传、变异等生命特征。它们能顺利地通过细菌过滤器，只有在电子显微镜下才能观察到它们的形态与构造。它们只能在寄主活细胞内生长繁殖，每种病毒都有特定的专一寄主，很少交叉感染；由于它们没有细胞结构，所以实际上它们是被有机膜包着的蛋白质及核酸大分子。它对一般抗生素不敏感，但对干扰素敏感。

病毒分布广泛，几乎所有生物都会感染病毒。病毒通常有三类：植物病毒、动物病毒和细菌病毒(也称噬菌体)。已经发现的人类病毒有300多种，脊椎动物病毒有931种，昆虫病毒有1671种，植物病毒有600余种，真菌病毒有100种，而噬菌体少说也有2850种。当然，这些多半是以前的统计，现在这些数字肯定保守得多了。

病毒寄生在活细胞内，如果寄主是人或对人有益的动植物，就会给人类带来巨大的损失；如果寄主是对人类有害的动植物，那么，就会对人类有益处，这也包括微生物。

病毒主要由蛋白质和核酸组成，动物病毒有 DNA 和 RNA，植物病毒多为 RNA，噬菌体多为 DNA。核酸有双链和单链两类。一般每个病毒粒子只含一分子核酸，核酸长度每种有一定数，由 100～250 000 个核苷酸组成，最小的病毒少于 10 个基因，最大的病毒有几百个基因。

藻类

藻类是孢子植物的一部分，属于低等植物。它不开花，不结果，没有根、茎、叶。藻类一般都相当微小，其中有不少种类需借助显微镜才能看到。但有一部分海生藻类体型较大。

藻类的繁殖有两种方式：一种为无性生殖，分裂、出芽都可以产出新的个体；另一种为有性繁殖，产生同形或异形配子以及卵和精子，通过同配、异配和卵式生殖产生新个体，繁衍后代。

藻类植物为单细胞、群体或由多细胞组成的机体，构造简单，主要分布在淡水和海水中，绝大部分没有离开水生环境，只有少部分生活于陆生环境，如土壤、岩石、树干等处。

藻类很重要，是宝贵的自然资源，也是人类生产生活中时刻都不可缺少的，同时它们也是生态系统的有机组成部分。

江河湖海中的藻类是水生生物的主要饵料；相当多的藻类是人类的高级食品、补品，如海带、紫菜；有些则是药用和工业用的原材料，如鹧鸪菜、石花菜。

　　藻类同高等植物一样，机体内富含叶绿素，还含有许多其他辅助色素，科学家们就根据所含色素的不同，细胞结构的不同，生殖方法、生殖器官及繁育方式的不同把它们分门别类地归纳起来，这就是蓝藻门、眼虫藻门、金藻门、甲藻门、黄藻门、硅藻门、绿藻门、轮藻门、褐藻门以及红藻门的由来。

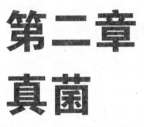

第二章
真菌

在自然界，低等植物同高等植物一样是生态系统的重要组成部分，是营养物质和能量的重要源泉。在森林生态系统中，真菌的生态位置主要在林下，它们能够把粗大的风倒木、深厚的枯枝落叶腐蚀消化成土壤中的碳、氮及各种小分子化合物，成为土壤中的营养物质来供高等植物吸收、利用。所以，低等植物中的真菌是自然界动植物死后机体的分解者，是大自然的保洁师，没有它们，地面上早就尸骨如山，再没有其他生物活动的空间。

真菌的繁殖和
生活史

在自然界，真菌的繁殖以孢子为主，而菌丝体或菌核则是越冬的形态。环境适宜，菌丝吸取营养后便会长出子实体，子实体成熟后释放出孢子，这样的繁殖方式叫有性繁殖。如果条件对真菌生长不利，则菌丝死亡，有时还会产生无性孢子，以此来度过不良时期。也会采取休眠体形式度过不良环境，待条件适宜时再恢复生长，这种繁殖方式叫无性繁殖。真菌的繁殖方式一般是有性繁殖和无性繁殖。

真菌由孢子开始。孢子吸水胀大，不久从孢子的表面长出芽管，芽管发育到一定时间便从顶端产生分枝，分枝再长分枝形成菌丝体。

菌丝开始会含有多个细胞核。每个细胞核很快

变成一个单核菌丝，有的可能具有双核。

菌丝发育成一定阶段开始进行质配，使细胞双核化。也有人管单核菌丝叫初级菌丝，双核菌丝叫二次菌丝，双核菌丝也叫异核体。异核体发育到一定阶段便形成子实体。

子实体继续发育经过核配，即两核合并形成单核双倍体，经过减数分裂在担子上产生4个担孢子，或在子囊中产生8个子囊孢子。由此，真菌的生活史便告一段落，从孢子开始到新的孢子产生，整整完成了一个世代。

真菌的营养方式

真菌体内不含有叶绿素，不能在阳光下制造有机物，所以也不能制造营养。宇航食品选择藻类，是因为藻类体积小，细胞内含有叶绿素能自制营养。它每时每刻都能制造营养，收获一茬又长出一茬，源源不断，且体积小，不占地方。所以，藻类是最理想的宇航食品。

与藻类不同，真菌的营养是异养型的，它主要通过菌丝细胞表面的渗透作用，来从周围自然界的基质中吸收那些可溶性养料。这是大自然的巧妙安排，在自然界生态系统中，真菌在食物链结构中的任务是完成对死亡植物体的分解、消化，再将分解成的有机质还原给供植物生长的土壤，当初这些营养物质正是由植物从土壤中吸取而来的。现在由真菌来完成这个还原任务，所以，真菌是食物链结构的还原者。如果没有真菌，那么如今的自然界可能早已被植物尸体覆盖。

真菌的异养有三种方式，腐生、寄生和共生。

　　所谓腐生，就是从死亡的或濒临死亡正在腐烂的植物体上吸取营养，维持自身的生长和发育，并完成自己的世代。

　　寄生是寄居在活的植物体上，从其他生物体的活细胞中吸收营养，如密环菌——天麻。

　　共生真菌更叫人折服，不仅能与植物，还能与动物和其他菌类组成共生关系。

真菌的地位

真菌在植物界的地位绝不亚于高等植物，它们除了食用、药用外，也和绿色植物一样有不可替代的生态价值。

我国劳动人民认识真菌、利用真菌乃至培育真菌少说也有2000多年的历史。

真菌受到如此青睐，是因为真菌本身的化学成分十分特殊。比如菇类，它们所含蛋白质的份额远远高于蔬菜，而且有些蛋白质和营养成分是蔬菜所没有的。据测定，鲜菇蛋白质含量在 1.5% ～ 6% 之间，而干菇甚至高达 35%，个别种类能达到 44%。有人称菇类是植物肉，1 千克蘑菇所含的蛋白质相当于 2 千克瘦肉，3 千克鸡蛋，12 千克牛奶。

大多数可食用真菌中都含有人体所必需的八种氨基酸，这在人类可食用物质中是很少见的。

菇类也是维生素的主要来源。如蘑菇、紫晶蘑等富含维生素 B_1，鲜菇维生素 C 含量每 100 克中达 206.27 毫克，天麻中含有丰富的胡萝卜素，四孢蘑菇中则含有维生素 B_3。

真菌中含有的微量元素也是相当可观的，如木耳中的铁、银耳中的磷等，是人类补充矿物质元素的最佳途径。

有科学家预言：食用菌是人类食物的重要来源之一。

真菌的生态价值在于它们在生态系统中作为食物链结构中的一环，其食物流的分解还原作用是不可替代的。没有真菌，森林难以更新，土地不能肥沃。真菌是大自然的组成部分，保护和利用真菌是人类的责任。

藻菌类

藻菌类属于真菌门藻菌纲。似藻的真菌比较低等，保留藻类的某些特征，如具有多核的丝状体、水生等。但也有相当多的种类营腐生、寄生和陆生生活，特征上也更像真菌。

常见种类有：水霉，寄生在鱼的身体或卵上；白锈霉，寄生在十字花科植物上，引起白锈病；甘茎霜霉菌，寄生在十字花科蔬菜上；毛霉，腐生在食物、皮革等腐烂的有机物上；根霉，腐生在腐烂的果品、蔬菜等上。还有许多种类甚至寄生于昆虫及某些原生动物身体上。

水霉种类很多，其中寄生在鱼身上的对渔业构成了危害。

毛霉营腐生生活，主要生长在食物、粪堆、土壤和潮湿的衣物上。

黑根霉生长于腐烂水果、食品等潮湿的有机物上。

有一种玉米黑霉，又叫玉米黑粉菌，可用来预防和治疗肝脏系统

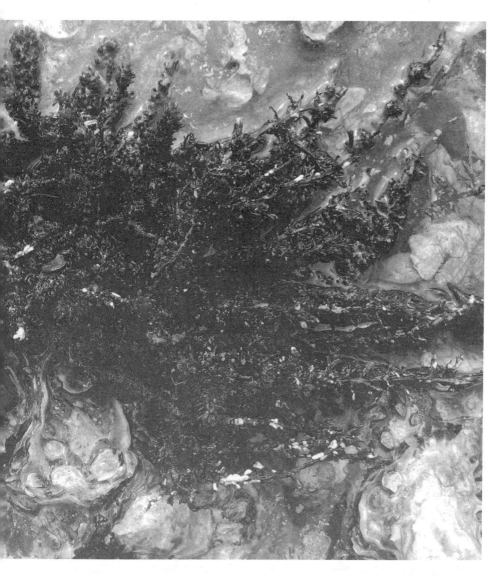

和胃肠道溃疡。这种玉米黑霉是生长在玉米植株上的一种寄生真菌，通常发生在叶片和叶鞘衔接处、近节的腋芽上、雄花穗或雌花穗上。虽然它是玉米的主要病害之一，但它的培养液中含有谷氨酸、赖氨酸、丙氨酸、精氨酸等 16 种氨基酸，经加工制成蜜丸，常吃能助消化和通便。

子囊菌

子囊菌在真菌中是比较高等的一纲。除少数种类如酵母菌为单细胞外，均由具分枝、有隔的菌丝组成。有性繁殖多形成有盖或无盖的、棒状或卵形的子囊，通常内生8个子囊孢子，个别情况也有4个至多数的。

子囊菌一般腐生或寄生，代表种如酵母菌、红曲霉、麦角菌、冬虫夏草、羊肚菌等。

　　植物的嫩枝、新叶上的白粉病就是由白粉菌致病感染的。感染的病叶、嫩枝表面布满白色菌丝，同时有大量分生孢子，状如白粉，故名白粉菌。植物感病后干枯，枝、叶死亡脱落，严重时整株植物死亡。白粉菌有性繁殖时产生闭囊果，内含一个以上的子囊，果外生有丝状附属丝。常见的白粉菌有蓼属白粉菌、禾谷白粉菌等。

　　赤霉素是植物的生长素，对植物生长有明显的促进作用。赤霉素甚至可作为农药抑制某些植物疾病。但是，作为致病微生物的赤霉菌能引起水稻、小麦产生赤霉病，同样能造成作物减产。

　　麦角菌属子囊菌纲、麦角菌科的霉菌。常见的黑麦、小麦、鹅观草等禾本科植物的子房部分发生的病害均为麦角菌所为。春夏季节，麦角菌的子囊孢子往往借风力或昆虫携带，把病菌传播给正在开花的麦类柱头，萌发后通过花柱侵入子房，经"蜜露"时期形成菌核。菌核坚实，呈角状，内部白色，外表暗青紫色，通称麦角。麦角可入药，用于止血药物和子宫收缩剂。

冬虫夏草

冬虫夏草也叫虫草，属子囊菌纲，麦角菌科。虫草是麦角菌侵入昆虫后在昆虫体内发育长出的子实体。麦角菌生活于土壤里，昆虫越冬后钻入土壤而感病，翌年的虫子变成了虫草子实体。因子实体细长如草，故名冬虫夏草。不同虫种越冬虫态不一样，有以卵越冬的，有以成虫越冬的，有以蛹越冬的，还有以幼虫越冬的。不论哪种虫态都有被麦角菌感染致病的可能，因此，冬虫夏草的形态也千差万别。

通常说的冬虫夏草产于四川、云南、西藏、甘肃、青海的青藏高原。在高山草地上有一种昆虫叫蝙蝠蛾，它以幼虫在土里越冬，因此，这种冬虫夏草呈墨绿色，子实体长15厘米左右，虫子僵硬。

东北的长白山有一种半翅目昆虫，成虫被感染后长出的虫草是橘红色的，虫子是长翅的成虫。从蛹身上长出的子实体叫蛹虫草。

有人认为青藏高原产的冬虫夏草正宗。因为它是绿色，与草同色，尽管深绿、浅绿有所不同，但毕竟是绿，故叫草是对的。而其他虫草色不绿，虫子不是幼虫，往往就以为不正宗，其实大错而特错了。它们不但都是名副其实的虫草，而且成

分差别也不大，入药作用俱佳。

中华冬虫夏草常被用作中药，有补肺益肾的功效，它原产于我国内陆的西藏高原、四川和青海，现在云南地区也有人工栽培。

担子菌

在真菌中，担子菌是最高等的一类。

它们的菌体都由分枝、有隔的菌丝组成。主要特征就是具有"担子"。

什么是担子？它是产生繁殖细胞担孢子的构造，由多细胞或单细胞构成。由多细胞构成时往往由4个细胞组成。一种是4个细胞上下相连，各细胞侧生一小柄，柄上生一担孢子，如木耳；一种是4个细胞并列，仅基部相连，各细胞顶端生一担孢子，如银耳。由单细胞组成时呈棒状或柱状，只有一个细胞，担孢子顶生于担子的小柄上，如蘑菇。担孢子是繁殖细胞。一般每个担子上生4个担孢子，但也有生1～8个的。有性繁殖产生担孢子，担孢子萌发后生成新的菌体。

无性繁殖产生分生孢子，分生孢子是一种外生的无性繁殖细胞，细胞壁很薄，也称薄壁细胞，如青霉、曲霉和白粉菌。分生孢子的形状因种类不同差异很大，这往往成为鉴定真菌种类的依据。

　　有趣的是一部分担子菌只有同一母体的菌丝才能进行配合，叫同宗配合；但大多数担子菌是异宗配合，由不同母片所产生的菌丝才能相互配合。如黑根霉，两个母体和菌丝虽然外形相似，但生理特性却不一样，当这两种菌丝相遇时才能进行接合生殖，产生的繁殖细胞叫接合子。

　　担子菌的子实体由菌丝组成，不同种类的担子菌的子实体其形状、大小、色泽各不相同。

　　担子菌既可利用，又有危害，所以趋利避害，科学开发、合理利用才能事半功倍，收到最佳效益。

黑粉菌

黑粉菌属担子菌纲黑粉菌目黑粉菌科。

黑粉菌寄生于禾本科植物的叶、茎、茎节、子房、花药或花穗上。菌丝体寄生于寄主组织内，促使寄主组织膨胀，畸形发育，穿孔，或形成肿瘤，或产生病斑。

菌丝体无色、无隔，有分枝，但成熟后消失。厚担孢子为单胞、单生、对生或集合成孢子堆。厚担孢子呈近球形，色黑或紫褐，壁厚。孢子萌发时产生担子，担子产生担孢子。

玉米黑粉菌，孢子堆可在寄主任何部位形成显著、不规则的瘤状，长可达 10 厘米以上，表面包有一层由菌丝构成的白色

或带红色的皮膜，皮膜破裂后放出大量孢子。孢子呈褐色，圆形或椭圆形，有钝刺，直径 8 ～ 12 微米。初期外面有一层白色膜，有时还带黄绿色或紫红色，后渐渐变灰白至灰色，破裂后散出大量黑色粉末，即冬孢子。其寄生在玉米抽穗和形成玉米棒期间，玉米各部位均可生长。冬孢子在土壤、粪肥、病株残体等处越冬，次年经空气传播到玉米株上发生黑粉病。

　　该菌生长在玉米植株任何部位。孢子未成熟前可食。

　　我国植物病理、植物病毒学家王鸣岐（1906—1995）从生物学和细胞学入手，发现玉米黑粉菌异源菌丝细胞的异宗配合，明确了核配及减数分裂是黑粉菌有性繁殖的基本特征。这为研究玉米黑粉菌分化和新生理小种的形成提供了科学依据。

木耳

木耳是担子菌纲木耳科木耳属。本属约含 4 种真菌，即木耳、毛木耳、毡盖木耳、褐毡木耳。

毛木耳干后软骨质，大部平滑，基部常有被褶，直径为 10 厘米左右，干后收缩强烈。子实层生里面，平滑或稀有皱纹，紫灰色后变黑色。孢子无色、光滑，呈圆筒形。生长在柳树、桑树、洋槐等树干、倒木或腐木上。丛生，可食。

毛木耳与木耳相似，主要区别是毛木耳厚、毛长，吃时较脆，味道差。分布在我国东北、河北、西北、内蒙古、广东、广西、安徽、江苏、江西等地。

毡盖木耳干后脆骨质，暗褐色，干后呈黑褐色，平滑，有网状皱纹。生长在柞树、榆树、杨树、胡桃楸等阔叶树的枯立木、倒木或伐根上。可

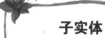

子实体

子实体是高等真菌的产孢构造，即果实体，由已组织化了的菌丝体组成。在担子菌中又叫担子果，在子囊菌中又叫子囊果。无论是有性生殖还是无性生殖，无论结构简单还是复杂，都称其产孢结构为子实体。

食，味差。分布在我国黑龙江、吉林、内蒙古、河北等地。

褐毡木耳表面松软，橙褐色，有同心环纹，有绒毛，老时渐光滑，并退为淡灰褐色。子实层为深褐色至灰黑色，边缘多为肉褐色。有辐射状皱纹和小疣。毛较长，褐色，直径3.5～4.5微米，互相交织形成厚达1微米的非胶质层。生长于柞树、槭树等枯立木上，可食。分布在我国吉林、内蒙古、河北等地。

多孔菌——茯苓

多孔菌属担子菌中一大类群，其特点是子实体分肉质、木质、木栓质、革质、膜质等，也有胶质。子实体外露，逐渐扩展。担子不分隔，往往呈棒状，通常生有4个小梗；担子间常有囊状体或刚毛。

茯苓是多孔菌中的著名中药，也是担子菌的一种，入药部分为菌核。长在沙质土壤的赤松、黑松根际，生境必须气候凉爽、干燥，在向阳坡处。沿根蔓延，在适当的地方结茯苓。一般埋于土中深度为50～80厘米，海拔高度700～1000米之间，坡度10～35度为宜。

茯苓的子实体很少见，菌丝体在土壤中缠绕结集成菌核，子实体生长在菌核表面、平状、肉质、白色，厚3～8厘米，干后变淡褐色。

菌核呈球形、椭圆形或南瓜形，也有不规则块状的，较大，质坚硬，直径20～30厘米，重达1～15千克不等，内部较外部稍软。有厚而多皱褶的皮壳，表面褐色或红褐色，内部粉红色，

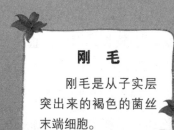

刚毛

刚毛是从子实层突出来的褐色的菌丝末端细胞。

干后变硬，皮壳极度皱缩，呈黑褐色。

　　采集茯苓一般要在每年八九月份，挖出后洗净擦干，放在不通风处，盖上草使其"发汗"，5～8天后将草去掉，摊开在凉爽处慢慢干燥。干后还要再进行"发汗"，反复三四次后，表皮即变成深褐色且出现皱纹，此时再风干。风干后的菌核削去外皮，切片晒干，即为中药可用的茯苓。

　　茯苓性平味甘，利五脏、助消化、可滋补、抗肿瘤。

多孔菌——珊瑚菌

珊瑚菌子实体多为肉质，少革质，偶尔个别种类有脆骨质或蜡质，棒状，圆柱形或分枝呈珊瑚状。

豆芽菌，子实体不分枝，初期圆柱形，后期长纺锤形，高2～10厘米，直径2～5毫米，白色，老化后呈浅黄色，很脆，稍弯曲，内实，似豆芽，故名豆芽菌。分布在我国吉林、浙江、江苏、四川、

云南等地。

白珊瑚菌，子实体群生或丛生，多枝，高3～12厘米，乳白色，基部土黄色。生长在林地或腐朽后期的倒木上，可食。分布在吉林、内蒙古、海南等地。

鸡冠珊瑚又称仙树菌。子实体分枝多，白色，常带有黄色或污桃红色，多次叉状分枝，或下部分枝呈两叉状，顶枝先端锯齿状，通常顶枝排列扁平呈鸡冠状。生于混交林或阔叶林地上，可食。分布在吉林省的吉林、永吉、蛟河等地。

杯珊瑚菌，子实体高3～13厘米，淡黄色或粉红色，老熟后土黄色，柄纤细，1.5～3微米，白色，带淡褐色。生于林中腐木上，可食。分布在黑龙江、辽宁、吉林等地。

丁香丛枝菌，子实体高6～12厘米，宽4～6厘米，生于阔叶林地，可食。分布在吉林、安徽、云南等地。

鸡油菌又名鸡蛋黄。子实体漏斗状，肉质杏黄色，盖宽3～9厘米。生于针叶林或混交林，有香气，可食。分布在黑龙江、吉林等地。

多孔菌——猴头菌

猴头菌属于多孔菌目齿菌科。猴头属有 3 种，即猴头、小刺猴头、假猴头。特点明显，子实体肉质，刺锥形，似猴子脑袋，故名。子实体块状或瘤状，无明显菌盖，木生。

猴头菌子实体肉质。一年生，团块状或头状，直径 5～20 厘米，鲜时白色，干后米黄色或浅褐色。无柄或有柄极短。子实层生于刺的周围，刺密集而下垂，长针形，1～3 厘米长。孢子无色光滑，球形或近球形。含油滴 4 微米 ×6 微米左右。

猴头菌生境苛刻，专生于蒙古栎的活立木或倒木上，可引起

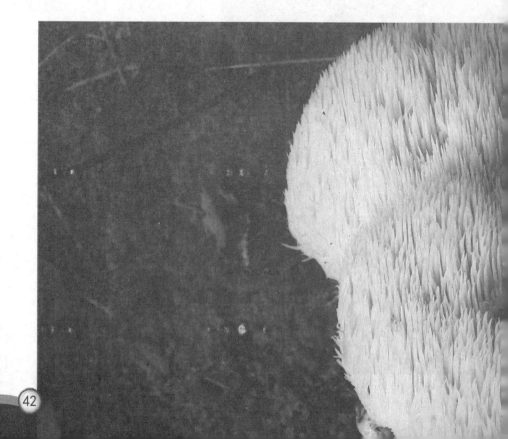

木材海绵状白色腐朽。

猴头不但营养丰富，味道鲜美，被誉为东北林区的山珍；而且菌体内富含各种生物碱、有机酸及微量元素。它可提取多种有效成分，有利于人体健康。分布在吉林、黑龙江、云南、四川等地。

猴头是宜药宜膳的重要真菌，味道鲜美，清香可口，人们夸它是"素中荤"，视其为极名贵的"山珍"。据分析，100克猴头菌的干品含蛋白质26.3克、脂肪4.2克、碳水化合物44.9克、粗纤维6.4克、磷856毫克、铁18毫克、钙2毫克、硫胺素0.69毫克、核黄素1.89毫克、胡萝卜素0.01毫克，并含有16种氨基酸，其中有7种是人体必需的。子实体可以药用，有助消化、利五脏的功效。对消化不良、体虚无力、神经衰弱等疾病均有一定帮助。

多孔菌——灵芝

　　灵芝别名灵芝草，是一种充满神奇色彩的真菌，有许多关于它的美好传说。其实，在自然界它就生长在阔叶树的木桩、原木、立木和倒木上，只是越在深山老林、虎蛇出没、人迹罕至的地方，生态环境越好，子实体发育也越旺盛，灵芝的成色自然好。

灵芝外形像公鸡的鸡冠，菌盖半圆形、扇形或肾形，赤褐色、赤紫色或暗紫色，具有油漆一样的光泽。有环状棱纹和辐射状皱纹。大小不一，小者 3 厘米 × 4 厘米左右，大者 10 厘米 × 20 厘米，厚 0.5 ～ 2 厘米都常见，特大者可达半米直径。菌盖边缘稍薄，有波状起伏。全缘。菌肉木栓质，白色至淡肉色。菌管单层，长 0.5 ～ 1 毫米，管口近白色或淡褐色，干后褐色。

菌柄通常侧生，与菌盖呈一定角度，有光亮的皮壳。柄长一般超过菌盖直径，粗 0.5 ～ 4 厘米。孢子卵圆形，外壁无色透明，内壁褐色，有小棘突。分布在黑龙江、吉林、河北、四川、云南等地。

子实体可入药。性温、滋补强壮。对虚劳、气喘、神经衰弱、失眠、哮喘、冠心病、白细胞减少或消化不良均有一定效果。

松杉灵芝也是一种灵芝，外观不像灵芝那样好看，但颜色相同。子实体可入药，采摘后去掉杂质，晒干后备用。其性温味苦，有滋补强壮、利尿、益胃之功效。中药用于滋利，抗寒活血，治风湿。

伞菌类——蜡伞

伞菌是伞菌科、牛肝菌科菌类的统称，属担子菌纲伞菌目。

多数伞菌都可食用、药用，如香菇、蘑菇、草菇、牛肝菌、口蘑等，都是植物肉，天然味素。少数种类有毒，如蛤蟆菌、鬼笔、鹅膏菌等。

在真菌中，伞菌是一大类，包括十几科几十属几百种。

伞菌目子实体肉质至半蜡质，易腐性，生于树木附近地上，树木形成对生菌根。菌柄中生，往往被膜。菌稍厚，蜡质。常见的有小红蜡伞、白蜡伞等。

小红蜡伞菌盖呈半球形或钟形，干燥，光滑，中央呈脐形，老时开展，扁平，盖宽3～3.5厘米，橙红色至朱红色。菌稍稀疏，直生、延生，黄色至朱红色。菌柄近圆柱状，与盖同色，光滑，纤维质。孢子印白色，孢子无色，椭圆形，光滑。生长在夏、秋季节的林地内或林缘。单生或群生。可食。分布在吉林、黑龙江等地。

白蜡伞菌盖呈扁半球形，后开展，中央稍凸，宽2～5厘米，盖面白色或淡黄色，黏，有绢丝样菌稍延生，稀疏。菌柄呈圆柱形，上下同粗，内部松软，后期中空，白色或污白色，黏，光滑，上部有白色小鳞。孢子印白色。孢子无色，长圆形。生长夏、秋季节林地或针叶林地。味美。分布在黑龙江、吉林等地。

伞菌类——白蘑

白蘑科，菌盖肉质，有时近膜质，韧，湿润时恢复原状，易腐性。菌褶与柄相连。柄中生，与菌盖组织连接。孢子在显微镜下无色。它有十几个属，多种。

松蕈，别名松口蘑。真菌中珍品，价格昂贵，产量很少。孢子印白色。孢子无色，光滑，呈椭圆形。

松蕈生长环境苛刻，秋季生长于赤松、红松、落叶松、黑松林地，围绕树根形成蘑菇圈，往往一个蘑菇圈需要几十年时间才能形成。子实体单生或群生。分布在吉林、黑龙江等地。

密环菌，别名榛蘑。子实体丛生或群生。菌肉白色带黄色，稍苦。菌柄近圆柱形，长5～13厘米，粗0.6～2厘米。基部稍膨大，纤维质，内部松软，后中空，浅褐色。菌环上位，松软，白色带黄，膜质，有暗色斑。菌褶直生或延生，稍稀，污黄色，老熟有锈斑。孢子印乳黄色。孢子椭圆形，无色，光滑。

密环菌为常见的食用菌，产量也比较多，味道鲜美，含蛋白质、脂肪及多种氨基酸，还含有麦角甾醇、甘露醇、海藻醇等多种成分。另外，还可以药用，有清肺、祛寒、益肠胃、祛风活络等功效，还可以治疗皮肤干燥、眼炎等症。生长于夏、秋季节针阔叶树根部或干基部。分布在吉林、黑龙江、河北、内蒙古等地。

松口蘑是土生菌类。担子果单生或散生。秋季雨后生于红松、赤松、落叶松及黑松林内地上，与松树根形成芝生菌根，并形成"蘑菇圈"。松口蘑菌体肥大，体质细嫩，具浓郁的蘑菇香味，鲜美可食，同时具有较高的营养价值。

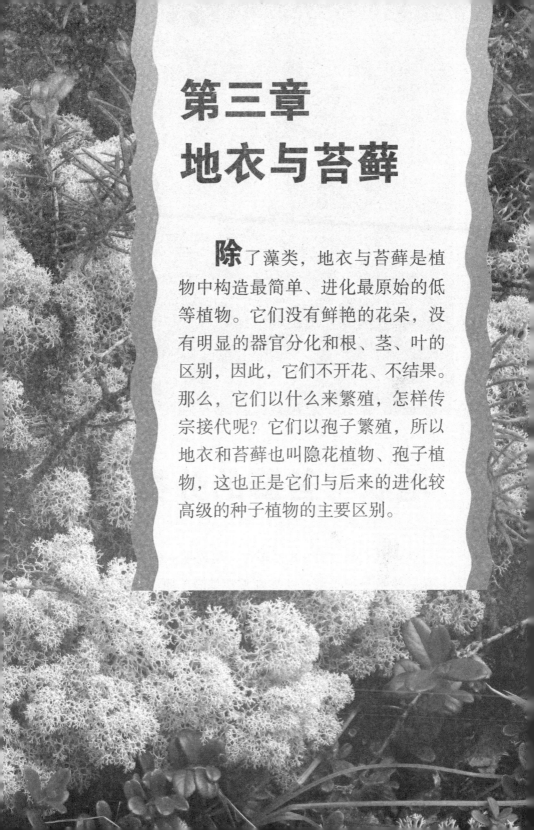

第三章
地衣与苔藓

除了藻类，地衣与苔藓是植物中构造最简单、进化最原始的低等植物。它们没有鲜艳的花朵，没有明显的器官分化和根、茎、叶的区别，因此，它们不开花、不结果。那么，它们以什么来繁殖，怎样传宗接代呢？它们以孢子繁殖，所以地衣和苔藓也叫隐花植物、孢子植物，这也正是它们与后来的进化较高级的种子植物的主要区别。

地衣与苔藓的分类

地衣植物有 1.8 万多种，组成地衣的真菌多数是子囊菌，少数是担子菌；藻类则常常是简单原始、单细胞的蓝藻和绿藻。

藻类制造有机物，而真菌则吸收水分并包被藻类，两者相互依靠，以互利的方式相结合。

地衣具有一定的形态、结构，能产生一类特殊的化学物质，如多种地衣酸，并有一定的生态习性，这一点又是真菌与藻类所不具备的，因此，地衣单独归为一类，是一个独立

的植物类群。

　　地衣能生活在各种环境中，特别耐干、耐寒，在裸岩悬壁、树干、土壤以及极地苔原的高山寒漠都有分布，是植物界拓荒的先锋。没有地衣类，就不会有现在植物的多样性分布，也不会有植物种类的多样性。

　　苔藓植物少说也有 4 万种，仅我国就有苔类 600 多种，藓类 1500 多种。

　　苔藓植物的主要代表种有地钱、裂托地钱、风兜地钱、光萼苔、角苔、褐角苔、花角苔，大泥炭藓、白齿泥炭藓、暖地泥炭藓、广舌泥炭藓、水藓、鳞叶水藓、黑藓、东亚黑藓、紫萼藓、葫芦藓、尖叶提灯藓、灰藓、金发藓等。

藓类

藓类一般多生于阴湿处、高寒针叶林地及暖地山区常绿雨林中。通常可分泥炭藓、黑藓和真藓三大类型。藓类的生态价值是保持水土，对沼泽的形成和消失常常有重要影响，少数可入药。

泥炭藓，藓纲泥炭藓科。植物体呈黄白色或灰白色，常有各种锈斑。茎无假"根"，在沼泽中紧密生长，丛生，下部逐渐死亡，上部继续生长。"叶"有大型无色的细胞，有极强的吸水力。因此，可以在沼泽上大片丛生，遗体逐年积累形成泥炭。这也是沼泽地、湖泊逐渐淤积成陆地的原因。另外，由于藓类不断吸收空中水湿，扩大了生长范围，使森林沼泽化，会破坏森林和陆地。常见的泥炭藓有大泥炭藓、广舌泥炭藓、暖地泥炭藓等。

水藓，藓纲水藓科。多生长在寒冷地带的溪河流水中，植物体纤长而多分枝，孢蒴隐没在苞叶之中。分布在我国大小兴安岭一带，如大水藓、鳞叶水藓。

　　黑藓，藓纲黑藓科。植物体多呈紫黑色或灰黑色。叶细胞多有粗疣。孢蒴有假蒴柄，成熟时常纵长四裂。常丛生于高山或寒冷地带的裸露花岗岩石上。我国各省高山、亚高山，1700米以上海拔的裸露花岗岩石上常见种，如疣黑藓、东亚黑藓。

　　紫萼藓，藓纲紫萼藓科。植物体稀疏分枝，湿润时呈暗绿色，干时呈黑色。"叶"干时紧贴，湿时舒展，有长中肋和白色叶尖；叶细胞有粗密疣。性极耐旱，能生长在向阳、裸露的岩石上，久干不丧失生活力。紫萼藓是旱生植物的重要代表之一。

蕨类

蕨类是高等植物中进化地位仍然处于原始、低级阶段，但确是兴旺一时、创造了亿万年繁荣的植物群落。过去称这类植物为羊齿植物，每种植物的形体都高大粗壮，如鳞木、封印木、科达树，高达几十米。那时不但植物高大，动物也高大，如恐龙。当然，现在这部分植物早就灭绝了，但由它们的"化石"形成的煤，至今仍然为人类做着巨大的贡献。

现存的蕨类大部为草本，木本已经不多。孢子体虽然有根、茎、叶的区别，但不具有花，也没有果，繁殖仍然依靠孢子，这一点又是低级类群的明显特征。无性世代占种内优势。根据它们的形态特点和结构差别，人们将它们分成四个纲，即松叶蕨、石松、木贼和真蕨，四个纲大约有 1.2 万种，我国约有 2600 种，大部分分布于长江以南。

蕨类植物可食用，如蕨、紫萁等；可药用，如贯众、海金沙等，石松等是工业原料。

松叶蕨，又称松叶兰，属蕨类植物门、秋叶蕨科。植株矮小，高 15～40 厘米。茎绿色，叉状分枝。叶细小，鳞片状。孢子囊呈球形，具

三室，生于叶的上腋。生长在树上或岩石上，产于我国云南、华南及台湾等地。可供观赏和药用。

翠云草，又叫蓝地柏。茎柔细，匍匐，能到处生根，叶在主茎上排列疏松，侧枝上排列紧密，叶面有翠蓝色光泽。分布于东南各省，可入药。

石韦

石韦又称石皮、石兰、飞刀剑、小石韦，属水龙骨科。

它是多年生草本，株高 10～30 厘米，根茎匍匐，被棕黑色鳞片。叶柄长，单叶，叶片肥厚草质，背面密生淡棕色星状细毛。孢子囊群生于叶背，并杂有星状鳞毛。生长在树干、岩石上，与苔藓一起，很明显。全草入药，有利尿、通淋、清热等功效，治结石、尿血等症。

水龙骨，又名岩乔。根茎绿色，常被白粉，蜿蜒匍匐。叶柄与根茎间具关节，易脱落。叶片长，圆形，一回羽状深裂。附生在石

上或树上。分布于长江流域以南各地。根入药，主治腰痛。

满江红，又叫红苹、绿苹，满江红科。植物体小，三角形，漂浮水面。根丛生。叶小型，肉质，排列成两行，春季绿色，夏季转红褐色。繁殖很快。生于水田或湖沼之中，我国东南和西南部均普遍生长。全草可做鱼类饵料，更是家畜饲料，可入药，又是绿肥植物。

秋天的池塘，水面上常浮着一片一片红色的"芝麻粒"，这就是满江红，它是一种蕨类，水面上漂浮的是它的细小叶片，水面下则是羽毛状的根须。满江红的叶片中有一种能固氮的鱼腥藻（蓝藻的一种），正是这种鱼腥藻将空气中的氮素变成"氮肥"，并源源不断地供给满江红，它们的共生不仅对自己有利，对人类来说还能增加水田的肥力，而且还可为家禽提供饲料。

第四章
种子植物

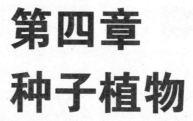

绿色植物扮靓了地球，美化了我们的生活，同时也养育了人类和地球上的生物。在上千万种绿色植物之中，人们用什么办法能把它们一一区分开来，逐个叫出它们的名字？它们之间的类别是怎样划分的呢？通过历代科学家的努力，到目前已经能够准确地把它们区分开来。

种子植物有几百万种，正因为它们的存在，才使世界变得五彩缤纷，地球更加美丽。

裸子植物

种子植物又分为裸子植物和被子植物两大类，从字面上，可以看出，一类是种子裸露，一类是种子被包裹起来。我们这里讲的裸子植物就是种子裸露的一类。

用术语说，也叫心皮不包成子房，胚珠裸露，胚乳在受精前就已经形成。现今世界上裸子植物约有700种，而我国将近300种之多，分别是铁树目、银杏目、松柏目和麻黄目四类。它们在结构上各异，进化过程中也不都是同宗同脉。在地质史上，铁树、银杏、松柏类始见于古生代二叠纪，而麻黄大约到中生代的白垩纪才出现。待麻黄类兴盛时，铁树、银杏和松柏类已经衰退，所以，它们并非一脉相承。

在学术界，习惯于把铁树、银杏看作植物的活化石，因为它们产生的年代已经十分久远。庆幸的是，铁树类、银杏类至今还有一些种类健在。它们给我们提供了生动的远古植物活教材。

松柏类至今还存在，它们是陆生生态系统的主要树种，高大挺拔，形成森林生境，是绿色植物的主体，也是人类重要用材林基地。

走进原始森林，高大的云冷杉，遮天蔽日，树间不容尺，它们维护着森林的生态系统，给动物和林下植被提供着良好的生存条件。

铁树科、银杏科

铁树属裸子植物，胚珠裸露，胚乳在受粉前就已经形成。它通常可以长成粗壮的乔木，叶子集中生于茎的顶部，叶大型、坚硬、羽状分裂，裂片线形，叶的中部有一条中肋，坚硬如木。裂片稍端柔软而下垂，整个羽状叶呈边缘向下卷曲状态。铁树又叫苏铁、凤尾松、凤尾蕉。

铁树原产于印度尼西亚、日本和我国南部。由于树形美丽，宜于观赏，故各地均有栽培，只不过它对温度、空气湿度要求较苛刻，一般在温室中很难达到它的生长条件，因此开花结果非常罕见，故民间认为铁树60年开花结果一次，等于人花甲时才开花，被视为稀物。实际上并非如此，只要条件适宜，它会迅速生长。

铁树除可观赏外，其茎中髓部可采淀粉，其叶、种子都可入药，有收敛止咳、止血之功效。

银杏，俗称白果树，公孙树。其果实是著名中药白果，亦可食用，是银杏科植物的典型代表。

银杏，落叶高大乔木，可长成千年古树。银杏树有长枝和短枝

之分，叶扇形，叶脉清晰，色稍浅。

　　按进化时间，与银杏同期生长的大多数植物已经灭绝，而银杏繁衍至今。在科学上，把这些从远古遗留至今依然存在的植物，叫孑遗植物。

松科

松科植物为裸子植物中较大的一科，有 11 个属 200 种之多，我国亦有 10 个属 84 种。

松科植物有许多种类是用材中的佳木。红松、落木松材质优良，是建筑的优良材料。松木多产松脂、松油，可提焦油，烧木炭，供工业、医药业使用。种子可食，营养物质丰富，被誉为木本粮油。松类植物干形优美，四季常青，又是绿化的好树种。

红松，是松科植物中优良的用材树种，为常绿大乔木。由于红松子是食用佳果，民间又有果松称谓。红松高可达 40 米。枝干挺拔，枝繁叶茂。小枝有绒毛，叶针形，五针为一束长在小枝上，针长而坚硬，直而不扭曲。球果卵形圆锥状，种鳞先端向外反卷，球果俗称松塔，每个松塔含几百粒种子。松塔长在松树顶部，分布于枝梢先端，每年产一次，相对间歇两年，故松子产

量有大小年之分，大年丰产丰收，小年减产歉收。

　　红松耐寒，适生腐殖质丰富的土壤，幼苗时喜欢在其他树的遮阴下缓慢生长，后期待与其他树木同高时，开始争光、营养、水分，进入速生阶段很快超过林中其他树木，独占鳌头。在针阔混交林中，红松往往处于上层林木地位。

　　红松材质优良，纹理笔直，耐腐性强，软硬适度，是优良木材之一。红松子含油丰富，价格昂贵，价值极高。红松还可绿化园林，树形优美，气味芳香。

杉科

杉树属杉科，与松不同之处是叶短，树干油脂不如松类发达，干通常比松树直，材质比松树软，代表种如冷杉、云杉、油杉、沙松、臭冷杉、鳞皮冷杉、黄杉、铁杉、鱼鳞云杉、红皮云杉、紫果云杉、天山云杉、川西云杉等。

冷杉，常绿乔木。小枝平滑，有圆形叶痕。叶线形，扁平，上

面中脉凹下。球果单生于叶腋处，形大，直立，多为圆柱状卵形或圆柱形；种鳞木质，成熟后脱落。该树耐荫性强、耐寒，喜凉湿气候。如生长在长白山的冷杉，与云杉混生于暗针叶林，分布高度在海拔1700米以上。

油杉，常绿乔木。叶呈二列式，线形，扁平，上面中线隆起，下面有许多平行的气孔带。雌雄同株。球果直立，圆柱形，长8～18厘米，直径4.5～6.5厘米；种鳞近圆形或广圆形。上部圆或截圆形。种子顶端具翅。分布于我国浙江、福建、广东、广西等地。木材坚实耐久，可供建筑、枕木、坑木、家具用。

臭冷杉，也称白松，常绿乔木。叶线形，长1.5～2.5厘米，在叶枝先端微凹，在球果枝上先端锐尖；叶上面深绿色，下面有白色气孔带。球果圆柱状长卵形，长4.5～9.5厘米，熟时褐色，种鳞肾形，苞鳞不露出，或尖头微露。分布于我国东北小兴安岭、长白山及河北小五台山等地。多生于阴湿山坡。木材轻软，可供建筑、制器具、造纸等用，也可绿化用，树干可提取松脂，树皮可提取栲胶。

柏科

柏树种类众多，为常绿乔木或灌木。叶小呈鳞形，密贴枝上，交互对立，很少锥形而轮生。雌雄同株或异株。球花的雄蕊及具胚株的种鳞也交互对生，很少三个轮生。雄花的雄蕊有 2～6 个药囊，雌球花全部或部分种鳞具一至多枚胚珠，苞鳞和种鳞结合。球果当年或第二年成熟，卵形或圆球形，鳞片扁平或盾形，木质，发育的鳞片具一至多个种子，种子具翅或无翅。

柏树为柏科，有 20 个属近 130 种，分布于全世界。我国有 8 个属 42 种，著名的如侧柏、台湾扁柏、福建柏、桧柏和刺柏等。

侧柏，又称扁平，常绿乔木，高可达 20 米。小枝扁平，直展，呈一平面，两面相似。叶鳞形，小。球果长卵形，种鳞长形，木质，

较厚，背部具一反曲的尖头。种子长卵形，无翅。侧柏分布广泛，北起黑龙江，南到海南岛几乎都能生长，由于树形好看，又终年常绿，人们喜欢用它做庭院绿化。它喜光，耐瘠薄，但生长缓慢。在吉林、黑龙江等北方地区，侧柏长出的嫩枝如果还没木质化便进入冬天，这部分嫩枝会被冻死脱落。侧柏在南方可以长成乔木，木质坚硬、细致，具芳香，用途广泛，种子可榨油，可入药。

桑科

桑类植物统归为桑科，是双子叶植物中种类较多的一类，约有 61 个属 1550 种。我国约 17 个属近 150 种。

桑科植物有落叶的也有常绿的，有乔木也有灌木，甚至还有藤本和草本。常常有乳状液汁。叶有丛生也有对生；叶缘有全缘也有分裂；托叶一般早落。花小，单性，有雌雄同株也有雌雄异株，常密集成头状、穗状或柔荑花序；还有生于一中空的花托内的（如榕属）；花被片通常四枚；雄蕊与花被片同数而对生；子房上位或下位，1～2室，每室有胚珠一个。果实多样，

下位花

花托圆柱形或是圆顶、平顶状，子房仅以底部和花托相连，花萼、花冠、雄蕊群着生于子房下方的花托上，雌蕊的位置要比其他各部分高，称子房上位，这样的花称下位花，如油菜、毛茛、牡丹、蚕豆等。

有瘦果，如大麻；有聚花果，如桑树。分布也极广泛，但以江南种类丰富。有的可食用，如菠萝、无花果、桑葚，有的可制橡胶，可养蚕，种子可入药，有较高的经济价值。

桑，落叶乔木。叶卵圆形，分裂或不分裂，边缘有锯齿。花一般为单性，淡黄色，雌雄同株或异株。果实为聚花果，名为桑葚，成熟时紫黑色或白色，味甜。桑种类颇多，主要有白桑、鸡桑、华桑等。再生分枝能力强，耐剪伐，养蚕时要不断伐枝摘叶。除养蚕外，桑树可造纸，桑葚可酿酒。全树入药皆有利用价值。

无花果，落叶灌木或小乔木。叶掌状3～5裂，大而粗糙，背面被柔毛。花单性，隐于囊状总花托内。果实由总花托及其他花器组成，呈扁圆形或卵形，成熟后顶端开裂，黄白色或紫褐色，肉质柔软，味甜。自夏至秋可陆续采收。多用扦插方式繁殖。原产于亚洲西部，我国长江流域以南各地均有栽培。新疆南部尤多。

毛茛科

毛茛科植物约有 47 个属，2000 多种，主要分布在北温带。我国约有 40 个属，近 600 种，各地几乎都有。

本科植物有不少著名中草药，如黄连、乌头等；有许多观赏花卉，如牡丹、芍药；有些则有毒，如毛茛。

黄连，多年生草木，毛茛科。地下有长根茎，复叶，从基部长出，长柄，有三小叶，小叶又裂成三片，裂片边缘有锯齿。春季开花，花白色、小型。生于花茎上部，雌雄异株。黄连是我国药用植物中用途广泛、开发较早的植物，产于西部及东部、中部山区。同一属的植物有数十种之多，都称黄连。其根含有小檗碱、甲基黄连碱等多种生物碱。入药有泻火解毒、清热燥湿之功效。

乌头，毛茛科，多年生草本，有块根。茎直立。叶轮廓呈五角形，三全裂，侧裂片又二裂，各裂片再

下位子房

整个子房着生在凹陷的花托或花管中，并且与之合生，花萼、花冠和雄蕊群或它们的分离部分着生在子房的上方，故为下位子房，其花为上位花，如梨、瓜、向日葵和仙人掌等的花。

分裂，有粗锯齿。秋季开花，总状花序圆锥形，被卷曲细毛。花瓣退化。萼片呈花瓣状，青紫色，上方一片盔状。乌头可做观赏植物，亦可入药。主根称乌头、川乌，其侧根称附子。主要含乌头碱，有剧毒，使用前需经炮制。中医上作温经散寒，止痛药。

毛茛，多年生草本。叶基生有长柄，叶片三深裂，两侧又分成二裂；茎上叶几无柄，叶片三深裂，裂片线状披针形。初夏开花，花黄色，单生。瘦果，多数相聚呈小头状。产于我国各地。毛茛有毒，茎、叶的汁液有强烈刺激性，可杀蛆虫、孑孓。入药可治疟疾、哮喘、黄疸、结膜炎。

木兰科

这类植物多木本，为常绿或落叶乔木或灌木，单叶丛生，通常全缘；托叶大，包围叶芽，早落。花大，有的发浓郁的香气，单生、顶生或腋生都有，花两性；萼片和花瓣常相似，也多呈花瓣状，分数轮生于花瓣外围，覆瓦状排列；雄蕊和心皮均多数，分离，螺旋状排列在花托上。果实具背缝，或背腹开裂，或不开裂而成翅果。

木兰科植物约有 12 个属 215 种，主要分布于北美洲和亚洲热带、亚热带。我国约有 10 个属 80 种，主要产于西南。玉兰、含笑、白兰的花可熏衣服，鹅掌楸可做绿化植物用。

木兰，有数种，既有落叶小乔木也有落叶小灌木。叶倒卵形或倒卵状长椭圆形。早春时叶没出先开花、花大，外面紫色，内面近白色，微微带有香气。果实似玉兰，球果状。木兰产于我国中部，有悠久的栽培历史和丰富的栽培经验。干燥的花蕾入药，性温、味辛，散风寒、通鼻窍，主治头痛、齿痛。

玉兰，落叶小乔木。叶倒卵状长椭圆形。早春先叶后开花，花大型，芳香，纯白色。果呈球果状。

广玉兰，又叫荷花玉兰、洋玉兰，常绿乔木。叶卵状长椭圆形，厚革质，上面光亮，下面被暗黄色毛。夏季开花，花大型，白色，芳香。果实似玉兰。原产美洲，我国长江流域以南各地均有栽培。可供观赏；花含芳香油，可制鲜花浸膏。

杨柳科

杨柳科植物多数是我们生活中常见的种类，有乔木、灌木。叶互生，单叶，有托叶。花单性，雌雄异株，柔荑花序，苞被各有一花，花被一般都缺。雄蕊二至多数，子房一室，柱头有2～4枚。果为蒴果，2～4瓣。种子多枚，基部有一簇丝状长毛，春季成熟时漫天飞舞，人们叫这为"六月雪"，污染环境。

杨柳科有3个属，约242种。这些植物几乎分布在我国南北各地，为广布种类之一。

由于杨柳科植物大多数生长迅速，并能用插条方法进行繁殖。所以，被普遍作为绿化树种。大多数种类材质轻松，可制作小器具；柳树树皮含单宁及柳酸，供工业用或药用；木材可烧炭，可制造火药；可做柳编等物品。

响叶杨，杨属，落叶乔木，高可达30米。叶卵状三角形，钝锯齿，顶端渐尖，基部具二腺体，叶柄长2～7厘米，扁平。杨属植物都先开花后长叶，花序飞絮在树叶放开以后，雌雄异株，雄株不飞絮，可做绿化

树木。苞片褐色，深裂。蒴果二裂。分布于我国西北、中部、东部和西南地区。适生于湿润的中性、酸性土，喜光，生长较快。木材供建筑、制器具、造纸等用。响叶杨是长江中下游山地常见树种。

胡杨，新疆戈壁的独特树种，耐干旱、风沙，落叶乔木，高约15米，叶无毛，带灰色或蓝绿色。长枝叶披针形、线状披针形，全缘或有稀锯齿；短枝叶卵形，扁卵形、肾形。为西北河流两岸地下水较高的地方造林树种。

山毛榉科

山毛榉科植物有落叶乔木和灌木，也有常绿乔木和灌木。叶为单叶，互生，叶边缘有的全缘，有的齿状缺刻，有的羽状分裂。雌雄花同株，雄花花序有柔荑花序和头状花序；花被4～8裂，雄蕊4～20枚不等；雌花单生或簇生，花被4～8裂，子房下位。果实为坚果，总苞外面有针刺或鳞片。

山毛榉科约有7个属，600种以上，分布于北半球温带或亚热带。我国有6个属，300种以上。代表种有板栗、苦槠、柞、栓皮栎等。

山毛榉，又名水青冈，落叶乔木，高达25米。叶卵形，长6～15.5厘米，有疏锯齿。初夏开花，花淡绿色，雄花序头状，雌花序柄长3～6厘米。壳斗四裂，外被多数细长卷曲毛状的苞片。坚果两个，卵状三角形。产于我国长江流域及以南地区。该树耐荫，喜温湿气候，生长较慢。木材纹理直，结构细，是制家具、地板及三合板工业生产的优良原材料，经济价值很高。

板栗，落叶乔木，高可达20米。无顶芽。叶呈椭圆形，疏生刺毛状锯齿。初夏时开花，花单性，雌雄同株；雄花呈直立柔荑花序。坚果2～3个，生于壳斗中。板栗坚果可食，被誉为木本粮油，其淀粉含量极高，营养丰富，特别是辽宁、吉林、陕西、山西、河北的板栗坚果个大色鲜艳，含糖高，是板栗中的佳品。

樟科

樟科植物在双子叶植物中是具有芳香气味的一类香木或灌木。单叶互生，多为常绿树种。

花很小，黄色或绿色，两性或单性，辐射对称，呈腋生的圆锥花序、聚伞花序、总状花序、伞房花序或丛生花序；花被6裂，很少

为4裂，雄蕊3～4轮，每轮3枚，花药以舌瓣状开裂；子房上位，一室一胚珠。果实为浆果或核果。

樟科植物约有31个属，2250种以上，分布于热带和亚热带地区。我国约有22个属，300余种。主要产于长江流域以南各地，以南部和西南部为最多，为组成森林的重要树种。

香樟，常绿乔木。叶互生，卵形，上面光亮，下面稍灰白色，近基部出三大脉。初夏开花，花小型，黄绿色，圆锥花序。核果小球

形，紫黑色。广布于我国长江以南各地，以台湾为最多。适应于丘陵及平原的酸性土壤。植物体全体有樟脑香气，可防虫蛀；亦可提取樟脑和樟油，供工业及医药业用。樟木材质坚硬、纹理美观，适合制作家具，经久耐用。特别是由樟木制作的衣箱，可防虫蛀，是绿化、用材的好树种。

另有臭樟，叶椭圆形或椭圆状披针形，较前种叶为大，7～15厘米。产于云南、四川、湖北等地，用途广。

玉桂，又称肉桂、牡桂、筒桂，常绿乔木。叶对生，革质，长椭圆形，基出三大脉。夏季开花，花小型，白色，圆锥花序。果实球形，紫红色。产于我国广东、广西、云南，亦见于越南、缅甸和印尼。木材纹理直，结构细，可制家具；树皮极香，可入药。

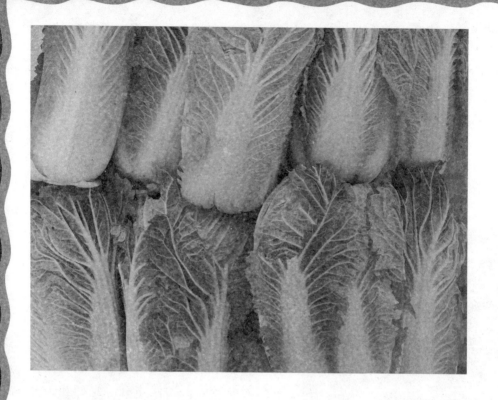

十字花科

十字花科植物都为草本，或一年生，或多年生。基生叶叠旋形排列，茎生叶多为互生，无托叶，全缘或为各式的羽状分裂。花两性，辐射对称，通常呈总状花序；萼片4枚，分离，侧生，2枚较大，基部囊状；花瓣4枚，呈十字形排列；雄花通常6枚；4长2短，称作四强雄蕊；雌蕊由二心皮构成，子房上位，一室，常由假隔膜隔成两室。果实为长角或短角果。种子小，子叶通常有边缘靠胚轴、背靠胚轴和折合三种排列方式。

十字花科植物约有350个属，3000种以上。主要分布于北温带、地中海一带。我国大约有 60 个属，300 种左右，分布几乎遍布全国各地，以西北旱地居多。代表种有白菜、甘蓝、芥菜、油菜、萝卜、芜菁等日常蔬菜和油料作物。有的可入药，如大青；有的可供观赏，如桂竹香、紫罗兰。

荠菜，十字花科，一或两年生。基出叶丛生，羽状分裂，叶被毛茸，柄有窄翅。春季开花，花小，白色，总状花序顶生或腋生。短角果倒三角形，内含多枚种子。性喜温暖，耐寒力强。叶可食，全草可入药。

辣根，十字花科，多年生宿根草本。肉质根外皮较厚，黄白色。肉白色，有强辛辣味。叶披针形，边缘有缺刻，冷凉期间生出的叶片缺刻深而有变形，有长叶柄。冬季地上部分枯死。春季开花，花小型，白色。种子成熟迟缓。喜凉，可人工栽培。根可入药。

蔷薇科

这是一类与人们关系极为密切的植物，既有果品，又有花卉；既有木本，也有草本，而且种类多样，分布广泛。

梨为乔木，玫瑰为灌木，草莓为草本，月季为花卉。枝干常有刺，有的呈攀缘状。叶互生，有托叶，偶尔无托叶；单叶或多叶；花两性，辐射对称；花萼5裂，下部连合；花瓣5枚，少有4枚者；雄蕊复数，连同花萼、花瓣生于子房的周围呈杯状构造的上缘，心皮一至多个分离或合生，子房上位或下位。果实多梨果、核果、瘦果、浆果等。蔷薇科植物约有100多个属，3000多种，广泛分布于全球。我国有50多个属，达1000多种，分布在全国各地。代表种有桃、李、梅、杏、梨、山楂、苹果等。

草莓，多年生草本。有匍枝。复叶，小叶三片，椭圆形，初夏开花，聚伞花序，花白色或略带红色。花托增大变为肉质，瘦果夏季成熟，集生花托之上，合成红色聚集状体。栽培广泛，品种众多，为富含维生素的果品。

山楂，落叶乔木。叶广卵形或三角状卵形，羽状裂5～9裂，叶脉上有短柔毛。伞房花序，花白色。果实球形，红色，有褐色斑点。秋季成熟。产于我国各地。山楂果实味酸甜，含丰富的维生素C，可制山楂糕、山楂酱、果汁、果酒、果丹皮等。开胃消食，入药可治饮食积滞。

豆科

豆科植物是双子叶植物中的大科。它包括黄豆、豆角等多种经济作物和蔬菜，所以，具有很重要的地位。

豆科植物既有草本，又有藤本；有乔木也有灌木。叶子多数为复叶。花冠呈蝶形；雄蕊通常 10 枚，大多数 9 枚合生，1 枚分离；心皮 1 个，子房上位，一室，一至数个胚珠。果实通常为开裂的荚果。

豆科植物约有 600 个属，1.3 万多种，几乎遍布地球上每个适宜植物生长的地方。我国有 127 个属，1200 多种，各省均有分布。

人们日常生活中的食用油，主要来自豆科植物，如大豆、落花生；

蚕豆、豌豆、四季豆是人们喜欢的青菜；木蓝、苏木为染料植物；甘草、黄耆可入药；紫檀为木材中的佳品；紫穗槐为蜜源植物。

除了上面这些豆类作物，还有很多植物都属于豆科这个大家族，如合欢树、紫荆、紫藤、国槐、紫檀、红豆树等。

豆科植物的根与根瘤菌伴生，可固着游离的氮，使植物增产。

大豆，又叫黄豆，一年生草本。

胚珠

胚珠为子房内着生的卵形小体，是种子的前体，受精后发育成种子的结构。被子植物的胚珠包被在子房内，以珠柄着生于子房内壁的胎座上。裸子植物的胚珠裸露地着生在大孢子叶上。一般呈卵形。其数目因植物种类而异。

茎直立或半蔓生，茎、叶和荚果均被茸毛。复叶，小叶三片。短总状花序，花白色或紫色。荚果，结荚习性分有限结荚和无限结荚。种子椭圆形至近球形，有黄、青、褐、黑各种颜色。大豆为我国特产，尤以东北大豆质量最佳，是植物中含蛋白质、脂肪最高的作物。不论在食用上还是在工业上都有重要的用途。

芸香科

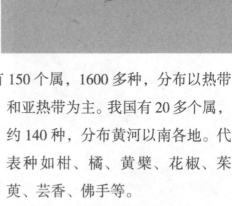

这类植物多数为木本，灌木多乔木少，只有极少数为草本。叶有互生、对生，单叶与复叶；叶片正常有透明的腺点。花通常两性，有显著的花盘；萼片和花瓣各4～5枚；雄蕊与花瓣同数或为其二倍，个别种类甚至更多；着生于花盘的基部；子房由2～5枚合生或离生的心皮组成。果实为浆果或核果，有的为蒴果状。

芸香科植物植株及果实富含芳香油，充满香气。大约有150个属，1600多种，分布以热带和亚热带为主。我国有20多个属，约140种，分布黄河以南各地。代表种如柑、橘、黄檗、花椒、茱萸、芸香、佛手等。

花椒，灌木或小乔木，有刺。奇数羽状复叶，小叶5～11片，卵形至长椭圆状卵形，边缘有圆齿和透明腺点。夏季开花，花小型，

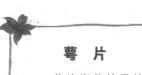

萼 片

萼片指花的最外一环，能保护花蕾的内部。一环完整的萼片组成了花萼，常为绿色。

伞房花序或短圆锥花序。果实红褐色，密生粗大突出的腺点。种子黑色。产于我国，野生或人工栽培都有。果实含有挥发油，可用作调味料；亦供药用，性热，味辛，功能温中止痛、杀虫、消肿。

茱萸，落叶乔木，有刺。奇数羽状复叶，互生，小叶11～27片，对生，狭长椭圆形至披针形，背面有灰白霜，边缘有圆齿，齿缘处有透明的腺总。夏季开花，花小型，甚多，伞房状圆锥花序，花瓣5片，黄绿色。果实红色，成熟时开裂。主要分布于我国东南部，如江苏扬州大运河出口处有个著名的茱萸湾，自古是文人墨客赏茱萸、赋诗词的好去处。果可入药，暖胃燥湿；亦可用作调味。

大戟科

大戟科植物是植物体内含有白色乳汁的一类，当然不是所有含乳白液汁的植物都是大戟科的，但大戟科的一定含乳白液汁。有草本，有灌木，也有乔木。叶通常互生，单叶，很少为复叶，有托叶，叶茎部或叶柄上有时具腺体。花单性，雌雄同株或异株，聚生成各种花序；有些种类有花萼而无花瓣，又有花萼、花瓣都缺的；雄蕊少数至多数，分离或合生；子房上位，通常三室。果实多数为蒴果，成熟时分裂三瓣；有时不开裂而为浆果状或核果状。种子有丰富的

胚乳。

大戟科植物约有 290 个属，7500 种，广布于全球。我国约有 60 个属，3600 种，全国各地几乎都有分布。

雌雄同株

雌雄同株，生物学术语，是指一株植物的花既有雌蕊也有雄蕊。

大戟科植物多数有毒，但其中有许多是经济植物，如乌桕、蓖麻、橡胶树、油桐等；有一些可入药，如巴豆；木薯可食；一品红可供观赏。

巴豆，常绿灌木或小乔木。叶卵形至长卵形，基出三大脉。

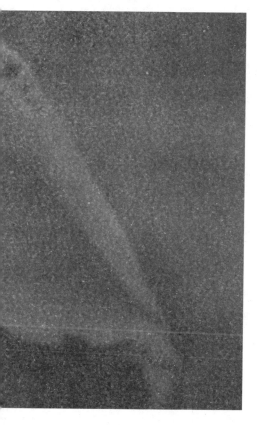

夏天开花，花小，单性，雌雄同株，顶生总状花序。蒴果分三室，每室一种子。产于我国云南、四川、广东、台湾等省。种子含巴豆油和毒性蛋白质。入药主治便秘，腹胀水肿。

木薯，亚灌木。有肉质长圆柱形块根。茎直立光滑，含乳汁。叶互生，掌状 3～7 深裂，裂片披针形至长椭圆状披针形。腋生疏散圆锥花序，花单性，雌雄同株，无花瓣。蒴果球形，有纵棱六条。原产美洲，我国南方广为栽培。块根富含淀粉，可食用；茎叶可做饲料。

漆树科

漆树科植物乔木或灌木都有，树皮含树脂。叶常互生，单叶或羽状复叶。花小，两性或单性，常辐射对称，呈顶生或腋生圆锥花序；萼片和花瓣各3～5枚，或缺花瓣；雄蕊常10枚；有环状花盘；子房上位，常一室，仅一胚珠发育。果实为核果。

漆树科有79个属，6000种以上，我国有15个属，约34种，在长江以南最盛。其中漆树所产的漆、盐肤木枝叶上新生虫瘿即五倍子，尤有经济价值；人面子的果可食，黄栌的木材可做黄色染料。

腰果树，又名鸡腰果，常绿大乔木。单叶，互生，革质，长椭圆状卵形，全缘。花黄色，有淡红条纹，圆锥花序。果实心形或肾形，长约25毫米。果柄肉质，陀螺形，黄或红色。原产南美，现产印度、马来西亚、斯里兰卡和马达加斯加。果柄可酿酒，种子可食，果壳榨油制绝缘油漆、防水纸。木材可制器具。

羽状复叶

小叶在叶轴的两侧排列成羽毛状称为羽状复叶。

　　杧果，常绿乔木。叶革质，长圆状披针形，常丛生于枝顶。花小而多，红色或黄色，顶生圆锥花序。果肾形，淡绿色或淡黄色，果肉多汁。内果皮核状，附有纤维。果实一般于夏季至秋初采收。性喜高温。原产于亚洲南部，我国台湾栽培最多，为热带著名果品。果皮入药。叶、皮为黄色染料，亦含胶质树脂。

无患子科

无患子科植物乔木、灌木都有，只有少量攀缘草本。叶常互生，羽状复叶，很少为单叶。花单性或杂性，辐射对称或左右对称，常小型，呈总状花序或圆锥花序；萼片4～5枚，花瓣4～5枚，有时缺；花盘发达，雄蕊8～10枚；子房上位，大多数三室，三深裂，每室常具一胚珠；果实为蒴果、浆果、核果等，种子无胚乳，有时具假种皮(俗称果肉)。

无患子科植物有140个属，1500种以上，广布于热带及亚热带。我国有24个属，约41种，各地均产，但以西南及南部地区为多。代表种有龙眼、荔枝、栾树、文冠果等。

无患子，落叶乔木。偶数羽状复叶，小叶椭圆状披针形，全缘。夏季开花，花小型，淡绿色，圆锥花序。核果由一分果所成，球形，黄棕色。产于我国各地，

亦见于日本。果皮可代替肥皂，又可制农药；种子榨油制皂、润滑油；木材一般，但适合制梳；根、果可入药。

龙眼，又称桂圆，常绿乔木。偶数羽状复叶，小叶4～6对，长椭圆形，革质，光滑无毛。圆锥花序，花小，花瓣黄色。果实球形，壳淡黄或褐色。假种皮鲜时白色。原产亚洲热带，我国广东、广西、福建较多。树冠繁茂，树形优美，常一丛数棵，亦可做防护林。材质好，造船、雕刻皆可。果实营养丰富，果肉可入药，利心肺，养心安神。

锦葵科

锦葵科植物有草本，也有灌木或乔木。叶互生，单叶，掌状脉。花一般为两性花，辐射对称，萼片5枚，其下常有呈总苞状的小苞，花瓣5枚；雄蕊常多数，花丝合成一柱，多与花瓣基部合生，花药一室；子房上位，二至多室。果为蒴果，或分离成数个小干果，偶有肉质果。

锦葵科约有85个属，1500种左右，分布于温带及热带。我国有13个属，53种，南北各地均产。

苘麻，一年生草本。茎被细毛，青或红紫色。叶心形，被短毛。花单生叶腋，钟形，黄色。蒴果呈磨盘形。种子肾形，淡灰色或黑色。短日性，喜光，耐低温。具有悠久的栽培历史。茎韧皮纤维可制麻袋、绳索和造纸；种子可入药，还可榨油制皂。

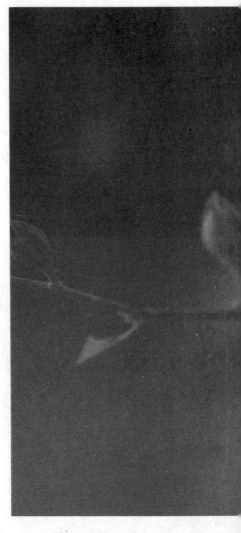

亚麻，一年生草本植物，除了其纤维可织布外，种子还是优良的食用油料。麻和大麻的纤维也可用于纺织。对于麻的利用，早在5000年前就开始了，埃及人用亚麻纤维织布做衣。亚麻布凉爽透气，是近年来备受欢迎的纺织品。

  锦葵，两年生草本。叶圆形或肾形，5～7浅裂，有圆锯齿。
初夏开花，花簇生于叶腋，花冠淡紫色，有紫脉，为园艺植物，供
观赏。

  木槿，落叶灌木。叶卵形，往往三裂，有三大脉。夏季开花，
花单生叶腋，花冠紫红色或白色。产于我国和印度。可做绿篱。树
皮、花均可入药。

桃金娘科

这类植物多数是木本，灌木或乔木都有。叶一般为对生，很少互生；单叶，多全缘，有透明的油腺斑点，无托叶。花两性，辐射对称；萼片和花瓣常各 4～5 枚；雄蕊甚多，分离，或成束；子房常下位，一至数室都有；有少数至多数胚珠。果实为浆果、蒴果。

桉树，约600种，原产澳大利亚及马来西亚，广泛引种于亚洲热带、亚热带各地，我国四川中部及长江以南各地栽培最多的有大叶桉、细叶桉、柠檬桉。桉树多为常绿乔木。枝、叶、花有芳香。叶通常互生，有柄，羽状脉，全缘，多为镰刀形。早春开花，花白、红或黄色，多为伞形或头状花序，萼筒常为倒圆锥形，萼片与花瓣连合成帽状体，开花时脱落。蒴果成熟时顶端3～5裂。种子多数，有角棱。桉树多速生，树干挺拔、光滑，干下部无枝无叶，到上部才有枝叶。

桉树一般都长得十分高大，常常超过60米。世界上最大的一棵桉树，高达155米，约有50层楼那么高。在我国，种植的桉树有大叶桉、赤桉、细叶桉和柠檬桉。柠檬桉的生长速度快，叶子形状像桃树叶子，为长条形，能长出一种叫柠檬的东西。初夏，叶子中发出的这种柠檬香飘满小城院落，使人感到心情舒畅，精神爽快。同时还能驱逐蚊虫，杀死空气中一些病菌，因此，它是绿化庭院非常好的树种。

山茶科

山茶科植物乔木或灌木都有。单叶、互生，无托叶。花两性，辐射对称，单生，有时簇生；萼片和花瓣常各5枚；雄蕊甚多，分离，有的茎部结合或集成5束；子房上位，大多数3～5室，每室有二至数胚珠；果实为裂开的蒴果，近木质，有时肉质不裂。

山茶科约有35个属600种，分布于热带及亚热带。我国约有15个属，近200种，主要产在长江以南。代表种有茶树、木荷等。

山茶，常绿灌木或小乔木。叶革质，卵形，上面光亮，边缘有细齿。冬春开花，花大型，常大红色。园艺上品种甚多，单瓣重瓣，花色多有变化。产于我国、朝鲜和日本。久经栽培，为著名观赏植物。种子可榨油，花入药。

茶，常绿灌木。叶革质，长椭圆状披针形或倒卵状披针形，有锯齿。秋末开花，花1～3朵腋生，白色，有花梗，蒴果扁球

形，有三钝棱。产于我国中部至东南部，广为栽培。茶为我国特产著名饮料，由于产地不同、加工方法不同，有龙井、毛峰、旗枪、矛尖等。加工工艺不同，有绿茶、红茶之分。常饮茶助消化、通七窍、兴奋中枢神经，有益身心健康。

木荷，常绿小乔木。叶革质，长椭圆形或椭圆形，有疏锯齿。初夏开花，花白色，具芳香，伞房花序。蒴果扁球形，木质，有毛。产于我国中部至南部。木质坚硬密实，可做家具、纱锭、胶合板，树皮可钓鱼，适于观赏。

伞形科

伞形科植物大部分为多年生草本，常有香气。茎一般中空。叶互生，大部分为顶生或腋生的复伞形花序，承托于花序的苞片，合称"总苞"；萼片微小或缺；花瓣5枚；雄蕊5枚，着生于上位花盘的周围；子房下位，两室，每室有胚珠一枚。果实有棱和油管，

成熟后分为两个悬垂的分果；各有一枚种子。

伞形科为双子叶植物中较大的科，约有植物 300 个属，3000 种以上，广泛分布于北温带、亚热带或热带高山上。我国约有 60 个属，近 500 种，各地均有分布。代表种有当归、柴胡、白芷、胡萝卜、芹菜、茴香、芫荽等。

防风，多年生草本。叶三回羽状分裂，裂片狭窄。夏秋开花，花白色，复伞形花序。果上有瘤点。根含挥发油。入药治风寒、头痛。产于我国东北，四川、云南、贵州亦有近似种分布。

胡萝卜，两年生草本。根圆锥形，紫红、橘红、黄、白色都有。品种亦多。肉质根可食，富含胡萝卜素。叶柄长，三回羽状全裂叶，裂片狭小。复伞形花序，花小，白色。果实小，有刺毛。原产地中海沿岸地区，后传入我国，现已广泛栽培。

芫荽，又名香菜，一年或两年生草本。全株光滑，有特殊香味。基出叶一至二回羽状全裂，裂片卵形；茎出叶二至三回羽状全裂叶，裂片线形，全缘。春夏开花，花小，白色或紫色，复伞形花序。原产地中海周边国家，后传入中国，以华北栽培广泛。叶可食，亦可入药。

杜鹃花科

因杜鹃在此科而得名，一般为灌木，即使是乔木也是小乔木，有的是草本。单叶，常互生。花两性，常辐射对称。花萼宿存。合瓣花冠，4～5裂，呈漏斗形、钟形或壶形。雄蕊从花盘基部发出，常为花冠裂片的二倍，很少同数，花药具有尾状附属物，顶上孔裂至全面纵裂，花粉形成四合体。子房有上位也有下位，2～5室。果实为蒴果、浆果、核果。

杜鹃科约82个属，2500种左右，分布极广。我国约14个属，大约700种左右，全国各地均有分布。

杜鹃花，又称映山红，半常绿或落叶灌木。叶互生，卵状椭圆形。春季开花，花冠呈阔漏斗形，红色，2～6枚簇生枝头。因为分枝多，所以植株虽然不多，花却极繁盛。杜鹃花的叶子呈卵状或椭圆状，

叶面上有细细的疏毛，叶背的毛则较密。产于我国长江以南各地。在我国西南地区的横断山脉，杜鹃花种类极多。因此那里被誉为"世界杜鹃花的天然花园"和"杜鹃王国"。因为杜鹃花对土壤有严格的要求，所以它成为酸性土壤的标示性植物。

羊踯躅，落叶灌木。叶互生，长椭圆形，边缘有睫毛状齿。春季开花，花鲜黄色聚生枝顶，十数朵呈半球形，花冠钟状漏斗形。多长在山坡草地，花鲜艳夺目，是供人欣赏的花卉之一。羊踯躅也是著名的药用植物，它金黄色的花冠不仅美丽，还可入药，有祛风、除湿、镇痛的功效。但它有毒，可伤人畜，应小心使用。

萝藦科

该科多为草本、藤本或灌木，体内含有乳汁。单叶常对生，有时轮生或互生，全缘，无托叶。花两性，辐射对称，聚伞花序顶生或腋生呈伞状或总状；花萼和花冠各5裂，花冠裂片常外翻；雄蕊着生于花冠茎部，花丝合生成一管，将雌蕊包围，且有一列鳞片，形成5裂的副花冠；花药与柱头合生，花粉在每一药室内，结合1～2个蜡状花粉块；子房上位，有两枚分离的心皮包围在雄蕊柱内。种子有长毛。本科和夹竹桃科近似，但花丝合生，花药与柱头黏合，其花粉结成花粉状，故易区别。

本科约有250个属，2000种以上，分布热带地区。我国约

有 42 个属，200 余种，分布全国各地。代表种如白薇、萝、夜来香等。入药或工业上用途很广。

　　杠柳，落叶或半常绿缠绕灌木，全体含乳液。叶对生，广披针形，全缘。夏季开花，聚伞花序顶生于叶腋，花内面淡紫红色，副花冠线形，红色，有毛。野生山坡或石隙间，分布于我国"三北"地区。茎叶含乳汁，可提橡胶；种子榨油；根皮即五加皮，入药。叶和根皮可制取杀虫剂。

　　白薇，多年生草本，全株密被灰白色短柔毛，含白色乳汁。根茎短，簇生多数细长的条状根。茎直立，圆柱形。叶对生，椭圆形。夏季开紫褐色花，花簇生于叶腋。遍布全国各地。根可入药，主治阴虚发热等症。近似种有蔓生白薇，花黄绿色，分布辽宁、山东、河北等地。

旋花科

该类植物多为藤本，也有草本，个别的也有乳液。单叶互生，全缘或分裂，有时缺。花腋生，单生或为聚伞花序，两性，辐射对称，有苞片；花萼5裂；宿存；花冠通常钟状或漏斗状；雄蕊5枚，着生于花冠管上；子房上位，2～3室，每室有胚珠两枚，花柱通常单生。果实为果，2～4瓣裂、盖裂或不规则开裂；很少为浆果。种子4～6枚。

旋花科约51个属，1600种以上，分布遍及全球各地。我国约有20个属，90种，各地都产。

旋花科植物多数有肉质块根，含大量淀粉，可供食用，如番薯、蕹菜、菟丝子、牵牛花，莴萝、月光花等。

菟丝子，一年生缠绕寄生草本。茎细柔，呈丝状，橙黄色，随处生有吸盘附着寄生。叶退化，夏季开花，花细小，白色，常簇生于茎侧。蒴果扁球形。种子细小，黑色。种子入药，补肾肝、益精髓。

旋花，又叫打碗花，多年生缠绕草本，全株光滑。叶互生，长卵形或三角状卵形，基部戟形，叶柄与叶片几等长。夏季开花，花单生于叶腋，漏斗状，淡红色，萼的基部有叶状苞片两枚。蒴果球形。荒地上野生，分布遍及大江南北。根富含淀粉，可酿酒。

番薯，又叫山芋、地瓜、红薯等。热带多年生，温带以蔓繁殖。叶心脏形至掌状深裂。能开花结实。原产于美洲，适于沙壤土地。块根富含淀粉，可做粮食用，亦可酿酒。

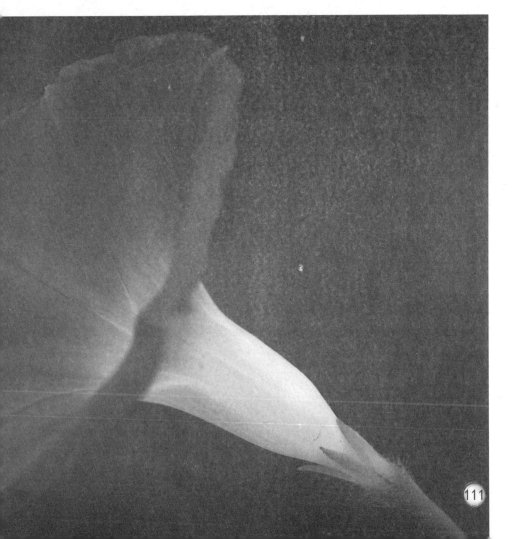

唇形科

　　此类植物多为芳香草本，很少有木本。特点是茎四棱，叶对生，唇形花冠，雄蕊 4 枚两长两短。果实为 4 个小坚果，各具一枚种子。本科约有 200 个属，3200 种以上。分布以地中海周围为主。我国约有 80 个属，480 种，分布各地。

黄芩，多年生草本。根肥大，圆柱形，茎方形，基部分枝。叶对生，长卵圆形。夏季开花，花唇形，蓝色，聚生呈顶生总状花序。分布于我国北部、西北和西南等地。著名中草药，富含黄芩甙等黄酮类。

藿香，多年生芳香草本。茎方形。叶对生，三角状卵形，两面都有透明腺点。夏季开花，花唇形，白色或紫色，在茎上排成多轮的穗状花序。茎可提取芳香油。茎叶入药。

薰衣草，多年生草本，有强烈芳香。茎弯曲，多分枝。叶对生，披针状线形，全缘而反卷。夏季开花，花蓝紫色，每6～10朵轮生，在茎端密集或穗状花序。原产地中海一带，我国多有栽培，日本较广泛。

益母草，一年生或两年生草本。茎四棱，叶对生，茎端的叶不裂而呈线形，其余叶掌状多裂。夏季开花，花冠唇形，淡红色或白色，轮生在茎上部叶腋内。入药主治月经不调。

丹参，多年生草本。根肥大，丹红色，又名红根。茎四棱，有腺毛。叶对生，羽状复叶。春夏之交开花，花唇形，紫色，排成数轮。产于中国、日本。根入药，用于冠心病治疗。

茄科

茄科既有草本又有木本，草本为多年生，木本为灌木或小乔木，此外也有藤本。叶互生，全缘、分裂或复叶，无托叶。花两性，辐射对称，单生、簇生或成聚伞花序；花萼宿存，5裂；合瓣花冠呈钟状、喇叭状等各种形状，5裂，裂片常折叠；雄蕊5枚，着生于花冠上；子房两室，或成不完全的1～4室，胚珠多数。果实为肉质状浆果或蒴果。

本科约有85个属，2300种以上，其中我国有16个属，约70种。分布于热带、温带地区。

枸杞，落叶小灌木。茎丛生，有短刺。叶卵状披针形。夏秋季节开淡紫色花。浆果卵圆形，红色。产于我国甘肃、宁夏、青海等地。嫩茎、叶可做蔬菜，果入药为枸杞子。味甘、性平，可补肝肾、养血明目。

辣椒，一年生草本。叶互生，卵圆形，无缺裂。花单生或成花簇，白或紫色。浆果未熟时绿色，成熟后一般为红色或橙黄色。辣椒原产南美洲热带，现全世界均有栽培，品种极多，形状也多变化，是人们喜欢的蔬菜和调味品之一。

茄子，一年生草本，但在热带为多年生木本，灌木。叶互生，呈倒卵形或椭圆形，暗绿、鲜绿或紫绿色。花淡紫或白色，萼有刺。浆果呈圆形、倒卵形或长条形，紫色、绿色或白色，萼宿存。原产印度，现几乎遍布世界各地，品种甚多，果型各异，茎、叶多有变化，为主要蔬菜之一。

玄参科

玄参科植物草本、木本都有，既有灌木也有乔木，凡木本的通常有星状毛。单叶，对生，全缘或有锯齿，很少分裂，也无托叶。花两性，左右对称，单生或为腋生，也有顶生的，穗状花序或圆锥花序；花萼4～5裂，宿存；花冠4～5裂，往往呈两唇形；雄蕊4枚，

两枚较长，着生于花冠管上，子房两室，上位，每室有胚珠多数，花柱单生。果实为蒴果，很少为浆果。

该科有200个属，达3000多种，广泛分布于全球各地。我国约有54个属，近600种。西南部为主要分布区，其他地区零星分布。

玄参科中药材多，如玄参、地黄，有些具观赏价值，如金鱼草、蒲包花等；乔木有泡桐，生长速度快，花大美丽，绿化、用材皆可。

玄参，又名元参、北玄参，多年生草本。根肉质，圆柱形或长纺锤形。茎直立，四棱形，无毛。叶对生，长卵形。夏季开花，花壶状唇形，黄绿色，聚伞花序紧缠呈穗状。分布于我国北方。根入药，性寒味苦，主治咽喉肿痛、斑疹、丹毒。

泡桐，落叶乔木，小枝粗壮。单叶对生，长卵形或卵形，较大，全缘，下面密生细毛。春季开花，圆锥花序顶生，花大型，唇形，白色。蒴果椭圆形，无毛。种子多数，小，周围有薄翅，分布于我国黄河流域。

金鱼草，又名龙头花，多年生或二年生草本。叶对生或上部叶互生，长椭圆形或披针形，夏秋开花，花冠有紫、红、黄、白等色。原产欧洲。

茜草科

茜草科有乔木、灌木和草本，直立、匍匐或攀缘；枝有时有刺。单叶对生或轮生，常全缘，有托叶，宿存或脱落。花两性，很少为单性，辐射对称，有时左右对称，有各式的排列；萼管与子房合生；花冠漏斗状或高脚碟状，通常4～6裂；雄蕊与花冠裂片同数，很少有两枚的，着生于花冠管上；子房下位，通常两室，每室有胚珠一至多枚，柱头单一或2～10裂。果实为蒴果、浆果或核果。

本科有450～500个属，6000～7000种，主产于热带和亚热带，少数分布于温带。我国约有90个属，450种以上，大多数产于西南部至东南部。代表种有金鸡纳树、茜草、钩藤等，著名饮料如咖啡、栀子等。

金鸡纳树，常绿小乔木，高约3米。

新枝四方形。叶对生，椭圆状披针形或长椭圆形。夏初开花，花白色，排列成顶生或腋生的圆锥花序。蒴果椭圆形。原产南美。树皮即金鸡纳皮，可提取奎宁、奎尼丁，是治疗疟疾的药物。

　　钩藤，常绿攀缘状灌木。小枝四方形。叶对生，椭圆形。通常在叶腋处着生由花序柄变成的钩两枚。夏季开花，花小，黄色，头状花序生于叶腋或顶生。分布于广东、广西、浙江等地。带钩的茎枝可入药，主治头晕头痛。

119

天南星科

天南星科植物多为草本，常有辛辣味和乳汁分泌，地下茎块状，很少木质，即使有也为攀缘状，或以气根附生于他物上，少数浮生水中。叶多基生，如茎生时则互生为两列或螺旋状排列，全缘或分裂，常呈戟形或箭形，基部有膜质鞘。花极小，常有强烈臭味，排列于肉穗花序上，外围以一佛焰苞所包，花两性而全相似或单性而同株，雌花在花序下部，雄花在花序的上部，介于这两者间的常为中性花；花被在两性花中常具有，裂片4～6枚，鳞片状或合生为杯；雄蕊一至多数；子房上位，由一单数心皮合成，每室有胚珠一至数枚。果实为浆果，密集于肉穗花序上。种子一至数粒，埋藏在浆汁果肉中，有各种不同的外种皮。

本科有110个属、1800余种，广布于全球。我国约有25个属，近130种，分布全国各地。代表种有半夏、天南星、芋、魔芋、马蹄莲、石菖蒲等。

天南星，多年生草本。地下茎球形，掌状复叶。小叶披针形。

夏季开花，肉穗花序外包紫色或绿色的佛焰苞。浆果多数，成熟时鲜红色。分布于我国云南、湖南以及华东各地。球茎可提淀粉，味苦，有毒，入药祛风化痰，主治中风、破伤风。

魔芋，多年生草本。地下茎扁球形，掌状复叶，小叶羽状分裂。夏季开花，花单性，淡黄色，着生在肉质的穗轴上，外包以暗紫色漏斗状的佛焰苞。分布在中国、越南。块茎含淀粉，有毒，用石灰水漂煮后可食，亦可酿酒。

棕榈科

棕榈科植物大都是单子叶常绿灌木或乔木，也有藤本。干直立，有的极短，常被以叶的宿存的基部。叶互生，多簇生于干顶，但在藤本的种类中则散生，极大，全缘、羽状或指状分裂，叶柄基部扩大成一纤维状的鞘。花小，通常淡绿色，两性或单性，排成圆锥花序或穗状花序，且多为一至多枚大而呈鞘状的苞片所包围；花被6裂，2列，裂片离生或合生；雄蕊6枚，子房上位，1～3室，每室有胚珠一枚。果为浆果或核果，外果皮多呈纤维质。种子胚小而富胚乳，有油分。

本科有236个属，3400种以上，是一大科。广布于热带和亚热带。我国仅有16个属，60余种，主要分布在南部亚热带省份。代表种有椰子、海枣、鱼尾葵、蒲葵、槟榔、棕榈、省藤等。

蒲葵，又名扇叶葵，常绿乔木。单干直立粗大，叶似棕榈的叶，掌状多裂，先端下垂。原产于我国南部福建一带。叶可制扇，干可制绳。

棕榈，常绿乔木，高可达7米。干直立，不分枝，为叶鞘形成的棕衣所包。叶大，集生于顶，多分裂，叶柄有细刺。夏初开花，肉穗花序生于叶间，具佛焰苞，黄色。核果近球形，淡蓝黑色，有白粉。分布于秦岭以南各地。小型棕榈树形态优美，可作为室内观赏性盆栽植物。棕榈树的棕丝除了用于做蓑衣，还可用做床垫，做绳索。它的叶子可做成芭蕉扇。棕榈油其实并非棕榈树的功劳，而是它的近亲——油棕树提供的。油棕果的果实含油率高达30%～60%，而且质量非常好。

百合科

百合科植物多数为多年生草本，地下有根茎、鳞茎、球茎和块茎等。茎直立或呈攀缘状。叶互生、对生、轮生于茎上。花两性，各部为典型的三出数；花被片通常6枚，2轮，离生或部分合生，有的大而美丽；花单生或排列成各式花序。子房上位。果有蒴果、浆果。

本科有220个属，3500种以上，广布于温带和亚热带。我国约60个属，500余种。各地均有分布。代表种有葱、蒜、韭、洋葱、百合、黄精、贝母、玉簪等。

吊兰，多年生草本，常绿。叶丛生，线形，中间有白色带状条纹。从叶丛中抽出细长柔韧下垂的枝条，顶端或节上萌发嫩叶和

气生根。夏季开花，花白色，疏散总状花序。原产非洲南部，现广为栽培。

知母，多年生草本。具匍匐根茎，横生，常半露于地面上，外面密被黄褐色包状叶鞘分裂物。叶丛生，线形。花茎出自叶丛间，顶生总状花序，夏季开花，花白色，具淡紫色条纹。蒴果卵圆形。分布在我国东北、西北和华北。根茎入药，主治热病烦渴、肺热咳嗽。

芦荟，多年生草本。叶基出，簇生，狭长披针形，边缘有刺状小齿。夏秋在茎上开花，花黄有赤色斑点。产于热带非洲、我国云南元江等地。现各地均有栽培。叶入药，治便秘。

铃兰，多年生草本，具横生根茎。叶通常两枚，长椭圆形，基部互抱呈鞘状。花茎顶生总状花序，夏季开花，花钟状，下垂，白色，有香气。浆果球形，红色。原产欧洲、亚洲、美洲。全草入药，有强心作用。

石蒜科、莎草科

石蒜科植物多为草本，多年生，如水仙。叶茎生，少数，条形。花两性，单生或数朵呈伞形花序，生于花茎顶端，下有一总苞，花被片6枚，呈2轮，花瓣状，下部常合生成长短不一的管，裂片上常有附属物；子房三室，下位。果实为蒴果或浆果。

此科有 65 个属，860 种之多。我国约有 9 个属，30 余种。

水仙，多年生草本。鳞茎，叶扁平，阔线形，先端钝。冬季抽花茎，近顶端有膜质苞片，苞开后放出花数朵，伞形花序，白色花，芳香，内有黄色杯状突起物。产于浙江、福建，现已广泛栽培于各地。

莎草科，多年生草本，很少一年生，常生于湿地或沼泽中，簇生或匍匐状生长。茎实心，通常呈三棱形。叶片线形，花极小而不明显；花被常缺，或退化为鳞片或刺毛，生于子房之下；雄蕊下位，通常 1～3 枚；花药线形，生于扁平的花丝上；子房上位，一室，有直立的胚珠一枚，花柱 2～3 裂。果为坚果。

本科有 70 个属，3700 种之多，分布于世界各地。我国约有 30 个属，600 种左右，分布全国各地。代表种有席草、乌拉草、莎草、荆三棱、荸荠等。

荸荠，又叫马蹄、乌芋，多年生草本。地下茎匍匐，先端膨大为球茎，扁圆球形，表面光滑，深栗色或枣红色，有环节 3～5 圈，并有短鸟嘴状顶芽及侧芽。地上茎丛生，直立，管状，浓绿色，有节，节上生膜状退化叶。秋季茎端生穗状花序。产于安徽、江苏、浙江等地。球茎可食。

兰科

兰科植物多数为草本，一般具有地下茎、地上茎。地上茎呈块状、球状或肥厚肉质的根状茎和块状根，如天麻。地上茎具叶，往往下部膨大成假鳞茎。叶形不一，通常互生，常两裂，有时退化为鳞片，或肉质，基部鞘状。

花两性，左右对称，单生或穗状、总状、圆锥状花序；花被片为6枚，成2轮，花瓣状或外3枚呈萼片状，离生或多合生，内有3枚形状不同花瓣,中间大叫唇瓣,它基部延伸成一囊状体或通常称为"距"；雄蕊1～2枚，与花柱合成一蕊柱，顶端向唇瓣方向延伸而成蕊喙；花粉黏合而成粉块；子房下位，一室，有3个侧膜胎座。蒴果内有无数微小种子。

兰科有600～700个属，多达2万种，广泛分布于全球。我国大约有140个属，1000种以上，分布于全国各地，尤以西南、台湾

最盛。代表种有春兰、建兰、墨兰、天麻等。有的可供观赏，有的入药。

手掌参，多年生草本。块茎肉质、4～6裂形如手掌。一般两枚。茎直立，具4～7枚叶片，长圆形急尖，基部抱茎。夏季开花，穗状花序顶生，花淡红色或淡红紫色，距通常细长呈镰刀状弯曲。蒴果长圆形。种子小。主要产于长白山火山锥体周围高山苔原带，入药有解毒、强精作用，珍稀种。

菊科

在种子植物中，菊科是最大的一科。一年生或多年生草本，很少为乔木，有时为藤本，有些种类有乳汁。叶互生、对生、轮生都有，无托叶。花两性或单性，平时看到的所谓一朵菊花，实际上是一个头状花序（或蓝状花序），外包以一至数列苞片构成的总苞，总苞内有全是管状花或全是舌状花，有中央是管状花，而外围是舌状花；花萼管与子房合生，无萼片或变为冠毛、鳞片、刺毛等，位于瘦果顶端；花冠管状或舌状，3～5齿裂或分裂；雄蕊4～5枚，花药合生而环绕花柱；子房下位，一室，一胚珠。果为瘦果。

本科有920个属，1.9万种以上，广泛分布于全球各地。我国有104个属，1950多种，分布于全国各地。

向日葵，一年生草本。茎直立，圆形多棱角，质硬被粗毛。叶通常互生，广卵形，两面粗糙。头状花序单生，具向光性；花序边缘生中性的黄包舌状花，能结实。瘦果，果皮木质化。种子富含油脂。原产美洲。

大丽菊，多年生草本。具块根。茎多汁，有分枝。叶对生，1～3回羽状复叶。春夏间陆续开花，越

草本植物

草本植物指茎内的木质部不发达，含木质化细胞少，支持力弱的植物。草本植物体形一般都很矮小，寿命较短，茎干软弱，多数在生长季节终了时地上部分或整株植物体死亡。根据完成整个生活史的年限长短，分为一年生、二年生和多年生草本植物。

夏后再度开花，霜降时凋谢。头状花序，极艳丽。随着培育目的不同，观赏角度不同，品种、花形、花色千变万化、种类甚多。全国各地均有栽培。

万寿菊，一年生草本。茎直立，分枝。叶互生，叶片羽状全裂，裂片长椭圆形或披针形。头状花序单性，秋季开花，花黄色到橘黄色，花梗顶端膨大如棒状。原产墨西哥。现全国各地均有栽培。

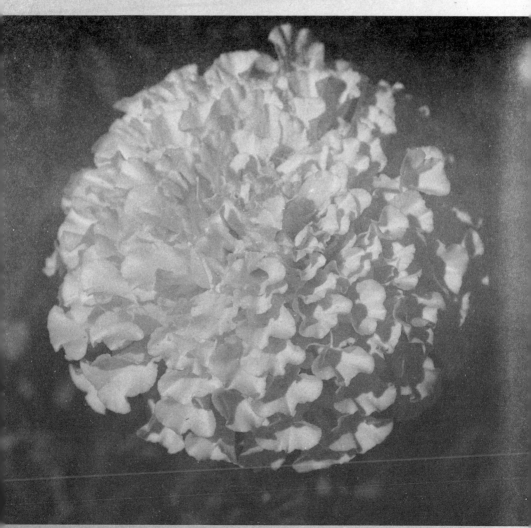

禾本科

禾本科属单子叶植物，多数为草本，少数为木质。如玉米、水稻、小麦、高粱、竹类及水草等。

本科有 700 多个属，8000 种以上，分布于世界各地。我国约有 190 个属，1000 种以上。

小麦，一年生或二年生草本。种类多、分布广，为主要粮食作物之一。一般叶片长披针形，复穗状花序，小穗有芒或无芒。颖果

卵形或长椭圆形，腹面具深纵沟。小麦是面粉生产的原料。品种中以普通小麦、黑麦、大麦等为主。

稻，一年生草本。秆直立，中空有节，分蘖。叶片线形，叶鞘有茸毛。圆锥花序，成熟时下垂，小穗有芒或无芒。颖果即粮食中的大米，为主要粮食作物之一。品种很多，分布极广。

粟，古代称禾、稷、谷，实际上就是谷子、小米的原料。有一种特别好的品种，古代亦称作粱。粟一年生草本，秆粗壮，分蘖。叶鞘无毛，叶片线状披针形，叶舌短而厚，具纤毛。圆锥花序（亦穗）主轴密生柔毛。穗形有圆锥、圆筒、纺锤、棍棒等形状。通常下垂，小穗具短柄，基部有刺毛。颖果、稻壳呈红、橙、黄、白、紫、黑等色。籽粒卵圆形，黄白色。产于山东、河北及东北。重要粮食作物之一。

甘蔗，一年生或多年生草本。茎圆柱形，有节，节间实心，外被蜡粉，有紫、红、黄绿等色。叶互生，叶片有肥厚白色的中脉。大型圆锥花序顶生，小穗茎部有银色长毛。颖果细小，长圆或卵圆形。分布广东、广西、福建、台湾、海南等地。可食，亦可制糖。

第五章
生命的起源

研究生命科学不研究人类的进化和发展是不完整的。几乎每个人都想过，我们来自何处？我们的祖先是谁？他们是在什么样的环境下生存的？怎样一步步地演化成今天的人类？

生命的起源
与地球的演化

生命是我们这个世界上最神奇、最伟大、最美丽的自然现象。地球上的微生物有 8 万多种，植物 46 万多种，动物 100 万多种。

什么是生命呢？一般人不难区分什么东西是有生命或没有生命的。但给生命下一个科学定义却又是千百年来最难的事，这个问题直接关系着对人类自身的理解。

从古至今，随着人们对生命现象的逐步理解，生命概念在不断地改变。现代常用的定义即生命是生物体所表现的自身繁殖、生长发育、新陈代谢、物质和能量交换、遗传变异以及对刺激的反应等的复合现象。但这些复合现象中任何单一现象都不是生物所特有的。从"物质和能量交换"来说，非生命的火焰不断把燃料变成其他物质，进行着剧烈的物质和能量交换，在有足够燃料供应的情况下，它也会"繁殖"，但人们并不认为它有生命。相反，在适当的条件下，保存的种子（如古莲子）在一个长时间内可以没有物质和能量交换，但仍然具有生命，因为环境适宜它就会萌发。"生长"也是一样，无机的晶体在形成的时候就有一个生长的过程；相反，有些生命体并不是总在生长，有的一旦形成，大小就不变了。"繁殖"也不是生命体独具的特征，凡是有自催化过程的反应系统都有繁殖现象（如一些核反应）；而有些生命由于生殖系统的先天缺陷也不能繁殖（如骡子）。至于说到外界刺激会引起反应这一点，自从有了机器，特别是计算机，就不能认为这是生命所特有的性质了。

关于地球上的生命究竟是如何诞生的，至今没有一个公认的令人信服的说法，这就给生命的源头蒙上了一层神秘的色彩。

当然，要弄清楚地球上生命的起源，就非常有必要知道地球是如何演化的，其中与生命尤为相关的便是大气，因为是它为生命的出现创造了必要的条件。地球大气的演进可以分为三个阶段：第一代大气即原始大气在地球演化的初期就消失了。第二代大气是被地球内部物理化学反应挤压出来的，称为还原大气。还原大气的显著特征便是缺氧，由于后来出现了植物，植物的光合作用提供了大量的氧气，才使得还原大气变成了以氮、氧为主的现代大气，即氧化大气。据此，

科学家推测，在 35 亿年之前，地球上就已经出现了生命。

推测终归是推测，地球上生命的起源依然是一个悬而未决的问题。现在可以肯定地认为，大约在 40 亿年前，地球上只有岩石和水，地表温度很高，缺氧的大气使来自太阳的紫外线具有相当强的化学活性，这是生命形成的催化物。诸多关于生命起源的学说就是从这里开始的。

类人猿、猿人、古人

类人猿，亦像人的那种猿。说他像人，不仅是形态构造像人，行为特征也与猿类有较多的区别，同猿比，他们进化了。比如猿中的长臂猿、猩猩等，都是类似人的猿猴。

古猿，这是类人猿的主要代表，种类有森林古猿和南方古猿。森林古猿是以森林为依据，活跃在森林环境中的一类古代类人猿。

从古植物学研究和古猿化石年代分析中，不难推测：森林古猿

生活在距今 2000 万—500 万年以前的古代热带森林之中，以植物的嫩叶、果实以及昆虫等小动物为食。喜欢群居，集体迁移或觅食。南方古猿大约活跃在距今 67 万年前的新生代，实际情况可能比推测的还要长，有人认为一直到距今 250 万年前的新生代，都是古猿兴盛的时代。

猿人即像猿一样的人类，是最早的人类。他们活跃的时间距今 60 万—50 万年以前，地质年代属于更新世早期和中期。

猿人从体质形态上比较接近人，但仍然有许多比较接近猿的地方，如头盖骨低而平，颅腔缩小，骨壁很厚，眉嵴特别粗大，颏部后缩等。

猿人与猿的区别更在于猿人已经学会制造简单的工具，知道用火烹食，在山洞或河岸居住，能够采集植物和猎捕动物。

猿人的代表如北京猿人、爪哇猿人。除此之外，人们又相继发现了元谋猿人、蓝田猿人、阿特拉猿人、海得尔猿人，这些都是猿人的化石，说明在不同地域，进化在同步进行，这可能是以后地球上出现不同人种的原因所在。

　　古人，比猿人更进化一步，但比新人又原始、低级，是介于猿人与新人间的早期人类。

　　从化石发掘的地质年代推测，古人活跃时期应该在距今20万—10万年前的更新世晚期。这时已经属于旧石器时代中期——莫斯特期。

　　最早出土的古人化石是1856年在德国杜赛尔多夫尼安

德特河流附近洞穴中发现的安德特人，也叫尼人阶段。从安德特人的特征看，古人的体质特征：脑容量大，男女平均为1440毫升；眉嵴发达，前额倾斜，枕部突出，颜面很长，眼眶圆而大。除安德特人外，广东韶关马坝乡狮子山洞穴中发现了马坝人，这是中国古人的早期化石，时间处于更新世末或晚更新世初。

新人

新人比古人进化，比现代人原始，是现代人以前，古人以后的早期人类。

新人生活时期距今约 10 万年。完整的新人化石是 1868 年首先在法国南部克罗马努山洞中发现的，又称克人阶段。

新人的特征是头骨高而长，额部垂直，眉嵴微弱，颜面广阔，眼眶低而短，眶间距离较窄，鼻狭，脑容量大，身材高大。

新人化石特征更接近现代人，这些化石发现于欧洲、亚洲、非洲和大洋洲各地。新人已经能够精制石器和骨器，爱好绘画、雕刻；营渔猎生活。

　　中国的河套人，发掘于内蒙古自治区鄂尔多斯市乌审旗萨拉乌苏河河岸沙层中，发现时间是 1922 年，河套人活跃年代应为更新世晚期。人类化石的特征和现代人基本相同。

山顶洞人是中国又一新人化石，据说这是蒙古人种的祖先，1933年在北京周口店龙骨山山顶洞穴内发现，共八个。形态特征为头骨粗壮，属长头型，额部倾斜，眉弓发达，眼眶低短，梨状孔宽阔，下颌骨颏孔位置较低，靠后。出土器物表明，山顶洞人已能够制作骨器、石器、装饰品，如石珠、穿孔砾石、兽牙，工艺已相当进步。

柳江人，即1958年在广西柳江县通天岩洞穴中发现的新人化石。应属更新世晚期。头骨适中，面部、鼻部短而宽，眶部低宽，眉嵴显著，额骨和顶骨较现代人扁平。明显具有早期蒙古人的特征，同时还有鼻孔宽阔等接近于南亚黄种人的一些特征。由此说明柳江人代表着一种分化和形成的蒙古人早期类型。

资阳人，1951年在四川资阳市黄鳝溪发现的新人化石，也属更

新世晚期。头骨眉嵴显著，额骨扁平，这些特征较原始，其他特征与现代人相似。其头骨变大，最宽处在头两侧的上方，头骨具明显的鼻前窝，头正中有类似的矢状脊，顶骨在正中线两侧的部分比较扁平，鼻较高而窄，眉弓显著等特征与山顶洞人相似。

麒麟山人，1956年在广西宾县麒麟山洞穴中发现的新人化石，也属更新世晚期。

这以后，在中国北方也陆续出土了一些新人化石，证明中国现代人是新人的后代。

正像鲁迅说的那样，类人猿、类猿人、古人、新人、现代人，这正是人类进化的基本脉络。

现代人的起源

现代人起源于何时？这个过程是如何发生的？是缓慢地演化还是剧烈的突变？这些问题一直在学术界争论着。

权威观点认为 200 多万年前人类的进化，以智人的出现为现代人的起点。这种观点的根据有解剖学上的化石研究，有人脑及手的变化和表现形式研究，还有分子遗传学研究的证据。

特卡纳男孩骨骼发现是早期人解剖化石研究的最好例证：他身高 1.83 米，体格结实，肌肉强壮。这是 160 万年前的智人化石。与南方古猿比，他的脑容量大约 900 毫升，小于现代人的 1350 毫升。他头骨长而低，前额小而厚，额骨突出，眼上方是突出的眉嵴。科学家们认为这是典型的早期现代人结构，这种特征大约持续到

50万年前。

在3.4万年前发现的人类化石几乎都是现代智人。他们身体不那么粗壮，肌肉也不那么发达，面部较扁而颅高增大，眉嵴不突出，脑容量约1100毫升。这说明现代人的进化、演化就发生在50万—3.4万年前这段时间。

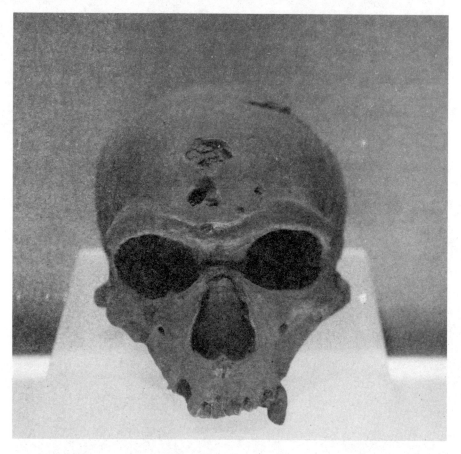

　　尼安德特人生活于13.5万—3.4万年前之间，他们分布在由欧洲经近东延伸到亚洲的区域内，这有丰富的化石证据，这说明在50万—3.4万年前这段历史时期内，进化在整个旧大陆不断地进行着，如希腊的佩特拉洛纳人，法国的阿拉戈人，德国的斯坦海姆人，赞比亚的布罗肯山人等。

　　尼安德特人四肢短，身体矮而粗壮。这样的身材适应寒冷气候，可是，同一地区和第一批现代人身材瘦长，四肢细长，轻巧的身体适于热带、温带气候。那么，第一批现代欧洲人是从哪儿来的呢？研究认为"出自非洲"。

例如，出自边界洞和克莱西斯河口洞的化石都在南非，被认为早于10万年前。可是卡夫扎和斯虎尔洞的现代人化石也近10万年。所以说，现代人最早源自北非和中东，然后迁至各地应该是可信的。在亚洲、欧洲的任何地方没发现这么早的现代人化石，也证实了"出自非洲"说。遗传学研究也持这种观点。学者也都认为直立人的分布范围几乎在200万年前就越出了非洲。

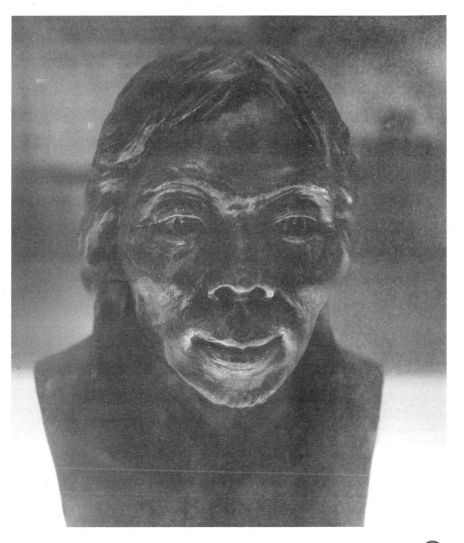